Kurt Henseler

Was fehlt denn meiner Zimmerpflanze?

Schädlinge und Krankheiten erkennen und behandeln

Kurt Henseler

Was fehlt denn meiner Zimmerpflanze?

Schädlinge und Krankheiten erkennen und behandeln

Bechtermünz

Genehmigte Lizenzausgabe für
Verlagsgruppe Weltbild GmbH, Augsburg

Umschlaggestaltung: Kurze Design, Düsseldorf
Umschlagmotiv: Okapia, Frankfurt
Bildnachweis: Alle Fotos vom Autor außer: BASF 45 om;
Eisenbeiss 2/3, 5, 6/7, 8, 13 u, 14, 22/23, 23, 24/25, 27, 28, 29, 33, 47;
Manke 12 o; Reithmeier 44 u; Renner, Landesanstalt für
Pflanzenschutz Stuttgart 73; Strauß 19; Zumke 52, 54, 69 o
Gesamtherstellung: Neue Stalling, Oldenburg

Printed in Germany

ISBN 3-8289-1626-0

2004 2003 2002 2001
Die letzte Jahreszahl gibt die aktuelle Lizenzausgabe an.

Inhalt

Vorwort

Es gibt Menschen, in deren Obhut Pflanzen prächtig wachsen, blühen und gedeihen.
Und dann gibt es andere, bei denen, was immer sie auch tun, die Pflanzen immer kümmerlicher werden und schließlich eingehen.
Von den erfolgreichen Pflanzenliebhabern sagt man, sie hätten einen grünen Daumen. Man erzählt sich auch, daß sie mit ihren Pflanzen reden würden.
Ob nun mit den Pflanzen geredet wird oder nicht erscheint mir nicht das Wesentliche zu sein. Sich mit den Pflanzen beschäftigen, sich für die Pflanzen Zeit nehmen, das bringt die Erfolge. Pflanzen sind Lebewesen und Lebewesen benötigen nun einmal unsere Zuwendung, damit sie gedeihen können.
Pflanzen sind ein Stück Natur und in der Natur gilt es, bestimmte Gesetzmäßigkeiten zu beachten. Genauso wenig, wie eine Pflanze im Garten wachsen kann, wenn man sie mit den Wurzeln nach oben einpflanzt, können Zimmerpflanzen gut gedeihen, wenn sie ohne Licht im Dunkeln, dahinvegetieren müssen. Die Pflanzen stellen gewisse Ansprüche an uns und wir, die wir die Pflanzen hegen und pflegen, müssen diesen Anforderungen gerecht werden.
Dieses Buch wurde geschrieben zum Wohle der Zimmerpflanzen und damit indirekt auch zum Wohle des Menschen. Denn die Wohnqualität in unseren modernen Häusern hängt auch von den Zimmerpflanzen ab. Je mehr gesunde Pflanzen in einer Wohnung stehen, umso mehr können sie zum Wohlbefinden des Menschen beitragen.

Machen jede Wohnung schöner: Zimmerpflanzen, hier eine Buntnessel

Unsere Zimmerpflanzen müssen von Krankheiten und Schädlingen frei sein. Werden sie optimal gepflegt, haben Schadorganismen nur in Ausnahmesituationen eine Möglichkeit, unsere Pflanzen zu infizieren.
Sind unsere Pflanzen einmal krank, müssen alle Anstrengungen unternommen werden, damit sie wieder gesund werden. Eine noch sorgsamere Pflege ist daher angesagt.
Krankheiten und Schädlinge können heute schon in vielen Fällen biologisch bekämpft werden. Die biologische Schädlingsbekämpfung nimmt daher einen breiten Raum ein.
All denen, die mir bei der Fertigstellung dieses Buches geholfen haben, sei an dieser Stelle gedankt.

Kurt Henseler

Einführung

Pflanzen sind für einen der wichtigsten chemischen Prozesse auf der Erde verantwortlich: Sie sind es, die bei der Photosynthese (Assimilation) Sauerstoff freisetzen, der für uns Menschen lebensnotwendig ist. Dabei geschieht folgendes: Die Pflanzen verwandeln das in der Atmosphäre enthaltene Kohlendioxyd mit Hilfe von Wasser und Licht sowie dem Blattgrün (Chlorophyll) in Kohlenhydrate und geben Sauerstoff ab. Vereinfacht gesagt heißt dies, daß Pflanzen das für den Menschen giftige Kohlendioxyd aufnehmen und Sauerstoff abgeben.

Pflanzen spielen aber auch aus anderen Gründen eine enorm wichtige Rolle: Sie dienen Mensch und Tier als Nahrung und sie liefern viele Rohstoffe. Einige Beispiele: Zellulose, Baumwolle, Kohle, Erdöl oder Torf stammen letztendlich von Pflanzen.

Und schließlich sind immer mehr Menschen dazu bereit, für Zimmerpflanzen und Blumensträuße viel Geld zu investieren: Keine Wohnung und kein Büro sind heute ohne Pflanzen denkbar, und bei vielen Anlässen – sei es Geburt, Hochzeit oder Todesfall – drücken wir mit Sträußen und Kränzen unsere Gefühle aus. Auch die vielen Ausstellungen und Gartenschauen beweisen, daß das Interesse an Pflanzen sowohl im Garten als auch in der Wohnung groß ist.

Der Efeu ist nicht nur eine dekorative Zimmerpflanze, sondern liefert auch Sauerstoff.

Manche Zimmerpflanzen, wie beispielsweise die *Dracaena,* können aus Möbeln oder Fußböden ausdünstende Giftstoffe unschädlich machen

Viele Neuzüchtungen, aber auch der sich wandelnde Geschmack haben dafür gesorgt, daß das Blumenfenster heute anders aussieht als zu Großmutters Zeiten. Leider gedeihen viele wunderhübsche Pflanzen, beispielsweise die Zimmerlinde, in der trockenen Luft der modernen, zentralgeheizten Wohnungen nicht mehr so ohne weiteres. Sie bräuchten, zumindest während der Ruhezeit, einen kühlen, luftigen Platz.

Einen ganz neuen Aspekt zur Bedeutung der Zimmerpflanzen steuerte die Weltraumbehörde NASA bei. Die Forscher entdeckten bei dem Versuch, die Innenluft der Raumschiffe zu verbessern und zu entgiften, daß Zimmerpflanzen regelrechte „Giftschlucker" sind. Die Dracaena vernichtet beispielsweise Trichloräthylen, Efeu macht Benzol unschädlich und Grünlilien können die Konzentration des gefährlichen Formaldehyds in der Luft deutlich senken. Die Wissenschaftler fanden außerdem heraus, daß die Pflanzen die Giftstoffe nicht mit den Blättern, sondern über die Wurzeln und mit Hilfe von Mikroorganismen aus der Luft aufnehmen.

Zimmerpflanzen sind also nicht nur wichtige Sauerstofflieferanten, sondern reinigen die Luft auch von Substanzen, die aus Kunststoffmöbeln, Fußböden oder modernen Bürogeräten ausdünsten – ein weiterer Grund, die grünen »Mitbewohner« sorgfältig zu pflegen.

Richtige Pflanzenpflege ist Vorbeugung

Pflanzen können nur wachsen, wenn folgende Wachstumsfaktoren ausreichend vorhanden sind:

Wasser	Kohlendioxyd
Licht	Wärme

Darüber hinaus benötigen Pflanzen für optimales Wachstum auch noch Nährstoffe.

Pflanzen, die ein ausreichendes und ausgewogenes Nährstoffangebot erhalten, sind auch besonders widerstandsfähig gegen Krankheiten und Schädlinge.

Nicht immer sind Kümmerwuchs oder das veränderte Aussehen einer Pflanze auf Krankheiten oder Schädlinge zurückzuführen. Diese Symptome können auch durch Ernährungsstörungen hervorgerufen werden.

Zu den Hauptnährstoffen der Pflanzen zählen:

Stickstoff (N), Phosphor (P), Schwefel (S), Kalzium (Ca), Kalium (K), Magnesium (Mg).

Als Spurenelemente werden außerdem benötigt:

Kupfer (Cu), Zink (Zn), Bor (B), Molybdän (Mo), Mangan (Mn) und Eisen (Fe).

Fehlen Nährstoffe oder Spurenelemente oder sind sie zu reichlich vorhanden, treten ganz spezifische Mangel- bzw. Überschußsymptome auf. Im Gegensatz zu den Hauptnährstoffen werden die Spurenelemente in ganz geringer Konzentration benötigt.

Die gelben Blattflecken am Usambara-Veilchen deuten auf Magnesium-Mangel hin

Nährstoffmangel- und Überschußsymptome

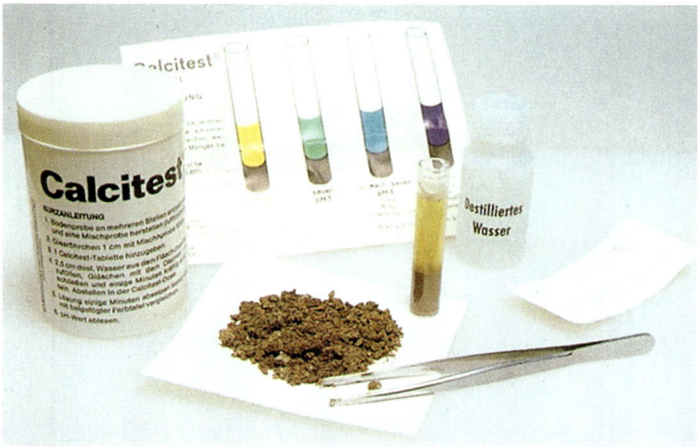

Stickstoff

Stickstoff ist ein wesentlicher Baustein für alle Eiweiße. Herrscht Stickstoffmangel, bleiben die Pflanzen klein und verzweigen sich kaum. Sie entwickeln weniger Blätter, die dazu noch klein bleiben. Die Blattstiele bleiben kurz und sind starr nach oben gerichtet. Die ganze Pflanze bekommt ein hellgrünes Aussehen, da Stickstoffmangel auch zu Chlorophyllmangel führt.
Stickstoffüberschuß ist daran zu erkennen, daß die Pflanzen weich, mastig und dunkelgrün werden.

Phosphor

Herrscht Phosphormangel vor, verfärben sich die Blätter zunächst dunkelgrün und später rötlich oder auch bronzefarben. Sie bleiben klein und zart.
Auch die Blüten bleiben klein, da Phosphor zum Blütenaufbau benötigt wird.
Ein Phosphorüberschuß zeigt im allgemeinen keine typischen Symptome.

Schwefel

Bei Schwefel macht sich weder Mangel noch Überschuß bei den Pflanzen deutlich bemerkbar.
Die Mangelsymptome entsprechen etwa denen, wie sie bei Stickstoffmangel beschrieben wurden.

Kalium

Die Pflanzen bleiben bei Kaliummangel klein, gedrungen, wobei sich die Blätter kräuseln und vom Blattrand her nach oben einrollen. Die Standfestigkeit der Pflanze leidet.

Der Kalkgehalt in der Erde kann mit dem Calcitest leicht selbst festgestellt werden

Kalzium

Kalk bindet Säuren im Boden, schließt Nährstoffe auf, verbessert die Krümelstruktur und regt so das Bodenleben an.
Ein zuviel an Kalk im Boden bindet Spurenelemente und auch Phosphor, so daß die Stoffe für die Pflanze nicht mehr aufnehmbar sind. Gleichzeitig steigt dadurch auch die alkalische Bodenreaktion, die im sogenannten pH-Wert gemessen wird.
Auskunft über die Kalkversorgung des Bodens gibt der pH-Wert, der mit dem im Handel befindlichen Prüfset »Calcitest« leicht festgestellt werden kann. Die meisten Pflanzen lieben einen schwach sauren bis neutralen Boden (pH-Wert 5,7 bis 7,4).

Magnesium

Magnesium ist für die Bildung von Blattgrün (Chlorophyll) notwendig. Magnesiummangel zeigt sich deshalb

Bei Nährstoffmangel bleiben die Pflanzen klein und blaß.

durch eine gelblich-weiße Marmorierung der Blätter; diese verbräunen später.
Die Aufnahme von Magnesium über die Wurzeln ist stark vom pH-Wert des Bodens abhängig. Bei Werten unter pH 4,5 ist dies kaum noch möglich. Magnesium kann aber auch dann schlecht aufgenommen werden, wenn im Boden zuviel Kalk vorhanden ist.

Die Düngerportion muß genau abgemessen werden

Düngung

Wenn man davon ausgeht, daß die meisten Erden bereits vom Hersteller mit einem ausreichenden Nährstoffangebot versehen worden sind, können bei der Pflanzenpflege in Bezug auf Düngung kaum Fehler gemacht werden. Im Handel befinden sich Düngerpräparate, die sehr gut portioniert sind, was ihre Anwendung sehr vereinfacht. Der prozentuale Anteil der Hauptnährstoffe ist auf der Düngerpackung in der Reihenfolge N, P, K angegeben, also beispielsweise N : P : K = 12:10:18.
Richtet man sich nach den Gebrauchsanleitungen, sind Fehler nahezu ausgeschlossen. Wichtig bei allen Düngemaßnahmen ist allerdings, daß man seine Pflanzen in soweit kennt, daß man weiß, in welcher Zeit eine Ruhezeit eingehalten werden muß.

Während dieser Ruhezeit darf nur ganz wenig gegossen werden. Gedüngt werden darf in einer solchen Ruhezeit überhaupt nicht. Man nennt dies auch eine sogenannte Düngepause.
Da die meisten Blumendünger auf organischer Basis aufgebaut sind, besteht für sogenannte salzempfindliche Pflanzen keine Gefahr. Zu diesen salzempfindlichen Zimmerpflanzen gehören z. B. alle Farne und Azaleen. Wenig salzempfindlich sind Usambaraveilchen oder Euphorbien.

Die Anwendung von Düngestäbchen erleichtert die Arbeit

Nur bei ausgewogenem Nährstoffangebot gedeihen Pflanzen

Richtig gießen

»Wie muß ich meine Pflanzen gießen?« Mit dieser Frage werden die Gärtner am meisten konfrontiert. Eine generelle Antwort darauf kann es nicht geben. Denn die Wassergaben sind von den verschiedensten Faktoren abhängig. Eines ist allerdings sicher: Die schwerwiegendsten Fehler bei der Pflanzenpflege werden beim Gießen gemacht.

Die Azalee gehört zu den Pflanzen, die eine Ruhezeit brauchen, in der nur wenig gegossen wird

Der Entwicklungszustand der Pflanzen

Selbstverständlich benötigen kleine Pflänzchen weniger Wasser als große Solitärpflanzen. Die Verdunstungsfläche (Blattfläche) spielt hier eine entscheidende Rolle. Große und üppig wachsende Pflanzen mit vielen Blättern verdunsten mehr Wasser als kleine Pflanzen mit weniger Blattfläche. Kakteen verdunsten so gut wie überhaupt kein Wasser.

Pflanzen, die sich in einer Ruhezeit befinden (für die meisten Pflanzen sind dies die Wintermonate) benötigen in dieser Zeit weniger Wasser als bei vollem Wachstum. Generell kann man sagen, daß alle Grünpflanzen in den lichtarmen Monaten November, Dezember, Januar und Februar eine solche Ruhezeit brauchen.

Erst wenn im März die Tage wieder länger werden, beginnen diese Pflanzen verstärkt mit ihrem Wachstum und müssen wieder mehr gegossen und gedüngt werden.

Nach einer Faustregel ist im März/April die Ruhezeit der Pflanzen abgeschlossen.

Natürlich gibt es auch hier wieder Ausnahmen, wie z. B. Alpenveilchen und Azaleen, die während der Wintermonate voll in Blüte stehen. Diese Pflanzen brauchen in dieser Zeit auch entsprechend viel Wasser.

Wird das Gießen in den Wintermonaten eingeschränkt, kann man durch Besprühen der Blätter für ein Wohlbefinden der Pflanzen sorgen. Zentral geheizte Wohnungen mit niedriger Luftfeuchtigkeit sind für Pflanzen nicht günstig, sie fördern Schädlinge und Krankheiten.

Wird zuviel gegossen, faulen die Wurzeln (links). Durch übermäßiges Gießen sterben oberirdisch die Blätter ab, weil sie durch das geschädigte Wurzelwerk nicht mehr mit Wasser und Nährstoffen versorgt werden können (rechts)

Wie oft und wieviel gießen?

Pflanzen, die regelmäßig zu naß gehalten werden, reagieren ihrerseits mit braunen Blättern. Diese braunen Blätter verleiten viele Pflanzenfreunde dazu zu glauben, daß sie ihre Pflanzen zu trocken halten. Sie sind nämlich der Meinung, daß gelbe Blätter ein Zeichen für Trockenheit sind. Aber genau das Gegenteil ist der Fall! Man müßte jetzt also drastisch weniger Wasser geben und nicht noch mehr.

Dieses Phänomen des »zuviel« an Wasser, ist eines der weit verbreitetsten Übel bei der Pflanzenpflege.
Die Wurzeln der Pflanzen, die ständig zu viel gegossen werden, leiden an Sauerstoffmangel. Das Wasser im Topfballen verdrängt nämlich den lebenswichtigen Sauerstoff. Sauerstoffmangel im Wurzelbereich führt jedoch auf Dauer zu Schäden an den Wurzeln. Die Wurzeln werden krank und faulen ganz oder teilweise ab. In dem Maße, wie die Wurzeln geschädigt werden, können die oberirdischen Pflanzenteile nicht mehr ausreichend mit Wasser und Nährstoffen versorgt werden. Die Folge davon ist, daß die oberirdischen Pflanzenteile genauso stark absterben wie die Wurzeln in der Erde.
Dieses oberirdische Absterben der Pflanzenteile führt oftmals zu dem Trugschluß: »Die Pflanzen stehen zu trocken.« Doch genau das Gegenteil ist der Fall.
Betrachten wir die Natur um uns herum, dann können wir feststellen, daß draußen mehr oder weniger lange Trockenperioden von eben solchen Regenperioden abgelöst werden. Daran sollten wir beim Gießen unserer Topfpflanzen denken. Für das Wohlbefinden der Pflanzen ist es viel besser, wenn einmal durchdringend gewässert wird, wobei das überschüssige Wasser aus dem Untersetzer bzw. dem Übertopf entfernt werden muß, als wenn tagtäglich kleinere Wassergaben verabreicht werden.
Angst, etwas falsch zu machen, sollte man dabei nicht haben. Während es bei der Pflanzenpflege kaum vorkommt, daß Pflanzen wirklich einmal

Schlaffe, herunterhängende Blätter sind typisch für Trockenheit

vertrocknen, werden unzählige Pflanzen zu »Tode« gegossen.
Derjenige, der seine Pflanzen sorgfältig beobachtet, kann sehr schnell feststellen, wann und wieviel Wasser gegeben werden muß.
Nimmt man eine Topfpflanze in die Hand, kann man schon an dem Gewicht feststellen, ob sie trocken ist oder ob sie kein Wasser braucht.
In der Zeit, als die Kunststofftöpfe noch nicht die Regel waren, konnte man durch Klopfen an dem Tontopf mit dem Knöchel sehr leicht heraushören, ob gegossen werden muß: Klingt es hohl, wird Wasser benötigt; klingt es dumpf, ist genügend Wasser vorhanden.

Wasserqualität

Das Wasser zum Gießen ist am besten, wenn es Zimmertemperatur hat, man sollte also abgestandenes Wasser verwenden. Steht kein solches Gießwasser zur Verfügung, sollte man das Gießwasser anderweitig leicht erwärmen, so daß es lauwarm ist. Kaltes Leitungswasser führt auf Dauer zu Schäden im Wurzelbereich.
Selbstverständlich sollte auch das Wasser, das zum Besprühen der Pflanzen benutzt wird, entsprechend temperiert sein.
Normalerweise reicht die Qualität des Leitungswassers für die Pflanzen völlig aus. Zu berücksichtigen ist allerdings der Kalkgehalt. Dieser Kalkgehalt wird in Grad (°d) gemessen. Ein °d bedeutet, daß in einem Liter Wasser 10 mg Kalk sind. In der Bundesrepublik Deutschland ist die jeweilige Wasserhärte je nach Region sehr unterschiedlich. Auskunft erteilt das jeweilige Wasserwerk. Die Wasserhärte kann man in Gruppen zusammenfassen:

0– 4 °d = sehr weich
4– 8 °d = weich
8–12 °d = mittelhart
12–18 °d = hart
18–23 °d = sehr hart
über 23 °d = super hart

Bei mittelhartem Wasser (8–12 °d) reicht es völlig aus, wenn man das Wasser vor dem Gießen abkocht. Der Kalk schlägt sich dann als Kesselstein an den Wänden des Topfes nieder.
Zu den kalkempfindlichen Pflanzen, die unbedingt mit weichem Wasser (4–8 °d) gegossen werden sollten, gehören die Azaleen, Hortensien und Kamelien. Alle anderen Pflanzen können mit dem mittelharten Wasser gegossen werden. Selbstverständlich kann man hartes Wasser auch durch verschneiden mit Regenwasser, das man leicht in einem Behälter auffangen kann, weicher machen.
Ist das Wasser zu kalkhaltig, steigt der pH-Wert im Boden. Dies kann sich für Moorbeetpflanzen, wie eben Azaleen oder Kamelien sehr negativ auswirken. Wie bereits im Kapitel »Nährstoffe« erwähnt, bindet zuviel Kalk im Boden die Spurenelemente und auch Phosphor, so daß diese Stoffe für die Pflanze nicht mehr in genügender Menge zur Verfügung stehen.

Das Substrat

Von dem Substrat (Pflanzerde) wird verlangt, daß die Pflanzenwurzeln gleichmäßig mit Wasser, Nährstoffen und Luft versorgt werden können. Ein gutes Substrat muß kleine Hohlräume haben, die Wasser speichern können.

Verschiedene Substrate und Ergänzungsstoffe

Gleichzeitig muß dieses Substrat aber auch größere Hohlräume besitzen, damit das überschüssige Wasser abfließen kann. Diese größeren Poren sind aber auch wichtig für die Luftzufuhr an den Wurzeln. Die Struktur eines Substrates kann sich im Laufe der Zeit negativ verändern. Es ist daher wichtig, beim Kauf von Blumenerde darauf zu achten, daß diese möglichst porös ist und es auch über einen langen Zeitraum bleibt. Die Substrate, die als Einheitserden gehandelt werden, entsprechen diesen Voraussetzungen weitestgehend. Diese Einheitserden bestehen etwa aus 60–70% mehr oder weniger zersetztem Weiß- oder Schwarztorf und aus 30–40% Schlick, Ton oder Lehm.

Einheitserden sind je nach Verwendungszweck mit entsprechenden Kalk- und Nährstoffgaben versehen.

Man unterscheidet Einheitserden »0«, die ungedüngt sind, und die sich daher besonders gut für Aussaaten und zum Pikieren empfindlicher Pflanzen-Arten eignen.

Dann gibt es die sogenannte Einheitserde »P«. Diese ist schwach gedüngt und ist geeignet zum Pikieren von Jungpflanzen oder aber auch für Pflanzen, die nur einen geringen Salzgehalt vertragen.

Einheitserde »T« ist eine normal gedüngte Erde, in der die Pflanzen, soweit sie nicht salzempfindlich sind, bestens gedeihen.

Im Handel befinden sich auch Blumenerden von unterschiedlicher Qualität. Der Torfanteil ist meistens sehr hoch, was eine optimale Wasserführung erschwert. Man muß unbedingt auf gute Qualität achten und undefinierte Sonderangebote meiden.

Der Wasserstand sollte immer zwischen Minimum und Optimum liegen, nie beim Maximum

Pflegeleicht gedeihen Zimmerpflanzen in Hydrokultur

Wichtig bei den Substraten ist, daß das überschüssige Gießwasser problemlos ablaufen kann. Meistens sammelt es sich im Übertopf oder im Untersetzer. Dieses überschüssige Wasser muß immer sorgfältig entfernt werden. Pflanzen, die im Wasser stehen gedeihen meistens nur sehr schlecht, es sei denn, es handelt sich direkt um sogenannte Wasserpflanzen.

Einfachere Pflanzenpflege durch Hydrokultur

Bei Pflanzen, die in Hydrokultur stehen, können gravierende Gießfehler nicht gemacht werden. Aber auch hier sollte man darauf achten, daß der Wasserstand in den Gefäßen sich während der lichtarmen Wintermonate im »Minimum« befindet.
Während der Wachstumszeit sollte sich der Wasserstand dagegen im Bereich von »Optimum« bewegen. Lediglich dann, wenn man längere Zeit das Gefäß alleine lassen muß, sollte es den Wert »Maximum« anzeigen.
Pflanzen in Hydrogefäßen, deren Wasserstandsanzeiger ständig und ununterbrochen auf »Maximum« stehen, leiden meistens auf Dauer unter denselben Problemen wie Pflanzen, die in Erde stehen und immer zu naß gehalten werden.
Für die Hydrokultur geeignet sind im Prinzip alle Grünpflanzen. Etwas komplizierter ist es bei den sogenannten Blütenpflanzen. Von den Blütenpflanzen sind beispielsweise Anthurien, Hibiskus, Spathiphyllum, Usambaraveilchen und die Bromelienarten Aechmea und Vriesea geeignet.

Sonnenbrand (links). Rechts eine gesunde Pflanze

Licht und Schatten

Unter unseren Zimmerpflanzen gibt es regelrechte Sonnenanbeter, d. h., Pflanzen, die sich nur bei voller Sonne optimal entwickeln können. Natürlich gibt es auch Pflanzen, die ein regelrechtes Schattendasein führen wollen und auch müssen, damit sie sich optimal entwickeln können.

Pflanzen, die zu dunkel stehen, reagieren mit übermäßigem Längenwachstum, mit kleinen Blättern, die entweder ausbleichen oder aber gelb werden.

Pflanzen, die zu sonnig stehen, reagieren mit Sonnenbrand. Dies sind unregelmäßige, eingesunkene, helle bis weiße Flecken, die bis zum gesunden Gewebe scharf abgegrenzt sind.

Das Licht spielt von den genannten Wachstumsfaktoren eine Schlüsselrolle. Während der Wintermonate ist das Licht der begrenzende Faktor. Unsere Pflanzen können sich in dieser »dunklen« Zeit nur sehr schlecht entwickeln. Immer wieder wird das Argument angeführt: »Meine Pflanzen stehen doch direkt am Fenster. Sie stehen doch im Licht. Das muß doch reichen.« Als erstes ist dabei zu berücksichtigen, an welchem Fenster die Pflanze steht. Ist es ein Fenster nach Norden, Süden, Osten oder Westen? Ebenfalls von Bedeutung ist, wie groß das Fenster ist.

Die Lichtverhältnisse in einer Atelierwohnung mit großen Dachfenstern sind anders als in Häusern mit vorgezogenen Dächern und kleinen Fenstern.
Das Licht liefert die für die Assimilation (Photosynthese) notwendige Energie.
Die Photosynthese ist der wichtigste Lebensprozeß der höheren Pflanzen. In Kürze dargestellt bedeutet Assimilation die Bildung von Zucker und Stärke (Kohlenhydrate) aus Kohlendioxyd und Wasser unter Beihilfe des Blattgrüns und der Sonne als Energiespenderin.
Pflanzen erzeugen bei diesem unzweifelhaft wichtigsten chemischen Prozeß, der auf unserem Planeten stattfindet, nicht nur die Nahrungsgrundlage für alle Lebewesen, sondern quasi als Abfallprodukt den ebenfalls lebensnotwendigen Sauerstoff, ohne den menschliches und tierisches Leben nicht möglich wäre.
Schon bei geringer Belichtung (100–200 lux) kommt der Assimilationsprozeß in Gang. Bei dieser schwachen Leistungsstufe bilden die Pflanzen jedoch noch nicht genügend Stoffe, um sich selbst ausreichend mit Kohlehydraten für ihre eigene Atmung versorgen zu können. Das bedeutet, daß sie von ihrer Substanz leben, was sich wiederum in einem kümmerlichen Wuchs niederschlägt.
Erst bei zunehmender Lichtstärke nimmt auch die Assimilationsleistung zu. Es ist eine Mindestmenge an Licht erforderlich, damit eine Leistung erzielt wird, die nicht gleich von den Pflanzen wieder aufgebraucht wird. Erst wenn eine gewisse Überproduktion erzielt wird, beginnen die Pflanzen optimal zu wachsen. Je mehr Licht die Pflanze bekommt, um so mehr ist sie in der Lage zu wachsen. Dies setzt natürlich wiederum voraus, daß Wasser, Kohlendioxyd und Nährstoffe in ausreichender Menge vorhanden sind und die richtige Temperatur herrscht.
Es ist zu berücksichtigen, daß das menschliche Auge und die Pflanze unterschiedlich auf das Licht reagieren. Was uns als hell erscheint, reicht für manche Pflanzen schon lange nicht mehr aus. Außerdem nimmt die Lichtintensität schon bei einer Entfernung vom Fenster von nur 1 m bereits um 50 % ab. Aus diesem Grunde sind im Fachhandel spezielle Pflanzenleuchten vorhanden.
Grundsätzlich ist es schon empfehlenswert, während der Wintermonate für eine zusätzliche Pflanzenbeleuchtung zu sorgen. Dies besonders dann, wenn Pflanzen vorhanden sind, die höhere Ansprüche an das Licht stellen. In den nachfolgenden Tabellen sind die Pflanzen nach ihren Lichtbedürfnissen zusammengestellt.

Kleine Blätter und übermäßiges Längenwachstum werden durch Lichtmangel verursacht

Pflanzen für sonnige Standorte

(d. h. Südfenster, an heißen Sommertagen ist mittags evtl. eine Beschattung nötig)

Acalypha	Katzenschwanz
Aechmea	Aechmea
Aeonium	Aeonium
Albizia	Albizie
Aloe	Aloe
Ampelopsis	Scheinrebe
Ananas	Ananas
Anigozanthos	Känguruhpfote
Aporocactus	Aporokaktus
Araucaria	Zimmertanne
Ardisia	Ardisie
Bambusa	Bambus
Bougainvillea	Drillingsblume
Cactaceae	Kakteen
Capsicum	Paprikabäumchen
Celosia	Hahnenkamm
Cereus	Felsenkaktus
Ceropegia	Leuchterblume
Chamaecereus	Chamaecereus
Chamaerops	Fächerpalme
Citrofortunella	Apfelsinenbaum, Zitronenbaum
Codiaeum	Kroton, Wunderstrauch
Coleus	Buntnessel
Corynocarpus	Karakabaum
Crassula	Rochea
Cycas	Friedenspalme, Sagopalme
Dionaea	Venusfliegenfalle
Echinocactus	Echinokaktus
Euphorbia milii	Christusdorn
Euphorbia pulcherrima	Weihnachtsstern
Gasteria	Gasterie
Gerbera	Gerbera
Gloriosa	Prachtlilie
Gomphrena	Kugelamarant
Gymnocalycium	Gymnocalycium
Haworthia	Haworthie
Hibiscus	Hibiskus
Ipomoea	Ipomoea
Jasminum officinale	Zimmer-Jasmin
Jatropha	Purgiernuß
Kalanchoe	Flammendes Käthchen
Mammillaria	Kugelkaktus
Mikania	Mikanie
Opuntia	Opuntie
Oxalis deppei	Glücksklee
Pachipodium	Madagaskarpalme

Pachystachys	Pachystachys
Parthenocissus	Jungfernrebe
Passiflora	Passionsblume
Pelargonium grandiflorum	Englische Geranie
Pisonia	Pisonie
Portulaca	Portulak
Rosa	Rose
Sedum	Fetthenne
Solanum	Korallenbäumchen
Thunbergia	Schwarzäugige Susanne
Tradescantia	Dreimasterblume
Washingtonia	Washingtonia
Yucca	Palmlilie
Zantedeschia	Zimmerkalla

Vollschatten

(Nordfenster, weit weg vom Fenster)

Cyrtomium	Stechpalmenfarn
Davallia	Davallie
Echeveria	Echeverie
Fittonia	Mosaikpflanze
Maranta	Pfeilwurz
Microlepia	Microlepie
Pellaea	Pellefarn
Peperomia	Zwergpfeffer
Phlebodium	Polypodium
Platycerium	Geweihfarn
Polyscias	Fliederaralie
Pteris	Saumfarn
Saxifraga	Steinbrech
Schefflera actinophylla	Strahlenaralie
Selaginella	Mooskraut
Tolmiea menziesii variegata	Mutter-Kind-Blume

Halbschatten-Zimmerpflanzen

(volles Tageslicht, aber keine direkte Sonnenbestrahlung)

Abutilon	Samtapfel, Zimmerahorn
Achimenes	Schiefteller
Acorus gramineus	Kalmus
Adiantum	Frauenhaarfarn
Aeschynanthus lobbianus	Schamblume
Aglaonema	Kolbenfaden
Allamanda	Allamande
Alocasia	Alocasie
Alyogyne	Alyogyne
Anthurium	Flamingoblume
Aphelandra	Glanzkölbchen
Areca	Chrysalidocarpus lutescens
Asparagus densiflorus	Zierspargel
Aspidistra	Schusterpalme
Asplenium	Nestfarn
Begonia Elatior-Hybr.	Elatior-Begonie
Begonia Lorraine-Hybr.	Lorraine-Begonie
Begonia Rex-Hybr.	Rex-Begonie
Blechnum	Rippenfarn
Browallia	Browallie
Brunfelsia	Brunfelsie
Caladium	Buntwurz
Calathea	Korbmarante
Calceolaria	Pantoffelblume
Camellia	Kamelie
Campanula	Glockenblume
Chamaedorea	Bergpalme
Chlorophytum	Grünlilie
Chrysalidocarpus lutescens	Areca
Chrysanthemum	Chrysantheme
Cissus antarctica	Klimme
Clerodendrum	Losbaum
Clivia	Riemenblatt
Cocos	Kokospalme
Coffea	Kaffeebaum
Columnea hirta	Kolumnee
Cordyline	Keulenlilie
Crossandra	Tapirblume
Cryptanthus	Versteckblüte, Erdstern
Cyclamen	Alpenveilchen
Cymbidium	Cymbidie
Cyperus	Zyperngras
Dieffenbachia	Dieffenbachie
Dipladenia	Dipladenie
Dizygotheca	Fingeraralie
Dracaena	Drachenbaum
Epipremnum	Efeutute
Eustoma	Lisianthus
Exacum	Blaues Lieschen, Schwedenveilchen
Fatshedera	Fünffingerblatt
Fatsia japonica	Zimmeraralie
Ficus benjamina	Feigenbaum
Ficus elastica	Gummibaum
Ficus lyrata	Geigenkastenbaum
Gardenia	Gardenie
Glechoma hederacea	Gundermann
Grevillea	Silbereiche
Guzmania	Guzmanie
Hedera	Efeu

Howeia	Kentiapalme
Hoya	Wachsblume
Hydrangea	Hortensie
Hypoestes	Hypoestes
Impatiens	Fleißiges Lieschen
Ixora	Ixora
Jacaranda	Robinie
Jacobinia	Jacobinie
Kohleria	Kohlerie
Leea	Leea
Ludisia	Ludisie
Maranta	Pfeilwurz
Mascarena	Mascarene
Medinilla	Medinilla
Metrosideros	Metrosideros
Microcoelum	Microcoelum
Miltonia	Miltonie
Monstera deliciosa	Fensterblatt
Musa	Bananenbaum
Neoregelia	Neoregelie
Nepenthes	Kannenstrauch
Nephrolepis	Schwertfarn
Nertera	Korallenmoos
Nidularium	Nidularium
Nolina recurvata	Beaucarnea
Pandanus	Schraubenbaum
Paphiopedilum	Venusschuh, Frauenschuh
Pentas	Pentie
Peperomia	Zwergpfeffer
Philodendron	Fensterblatt
Phoenix	Dattelpalme
Pilea cadieri	Kanonierblume
Plectranthus	Plectranthus
Plumbago	Bleiwurz
Polyscias	Fiederaralie
Primula vulgaris	Primel
Primula malacoides	Fliederprimel
Primula obconica	Becherprimel
Pteris	Saumfarn
Radermachera	Radermachera
Rechsteineria	Rechsteinerie
Rhapis	Rhapis
Rhipsalidopsis	Osterkaktus
Rhododendron	Azalee
Rhoeo	Bootspflanze
Rhoicissus	Rhoicissus
Saintpaulia	Usambaraveilchen
Sansevieria	Bogenhanf
Saxifraga	Judenbart
Schefflera arboricula	Strahlenaralie
Schlumbergera	Weihnachtskaktus
Scindapsus	Scindapsus
Scirpus	Simse, Frauenhaar
Senecio	Cinerarie
Sinningia	Gloxinie
Soleirolia	Bubikopf
Sparmannia	Zimmerlinde
Spathiphyllum	Scheidenblatt
Stephanotis	Kranzschlinge
Streptocarpus	Glockenblüte, Drehfrucht
Stromanthe	Stromanthe
Syngonium	Syngonium
Tibouchina	Tibouchine
Tillandsia	Tillandsie
Tolmiea menziesii	Mutter-Kind-Blume
Vriesea splendens	Flammendes Schwert
Xanthosomona	Xanthosomone
Zamia	Zamie

Temperatur

Neben dem Licht spielt die Temperatur bei der Pflanzenpflege eine entscheidende Rolle.
Es gibt Pflanzen, die in wärmeren Gegenden beheimatet sind, sie benötigen höhere Temperaturen als Pflanzen, deren Heimat in den gemäßigteren Klimazonen ist.
Ganz allgemein ist festzustellen, daß die Temperaturen in unseren Wohnräumen für die meisten Pflanzen etwas zu hoch liegen. Zusammen mit einer außergewöhnlichen Lufttrockenheit kann dies das Pflanzenwachstum beeinträchtigen. Denn die wenigsten Pflanzen lieben ein solches »Wüstenklima«. Abhilfe kann dadurch geschaffen werden, daß entweder die Raumtemperatur abgesenkt oder aber die Luftfeuchtigkeit durch mehrmaliges Besprühen der Pflanzen erhöht wird.

Durch Besprühen der Blätter werden die Wachstumsbedingungen verbessert

Kälteschaden am Blatt eines *Ficus benjamina*

Zimmerpflanzen für warme Räume (15–20 °C)

Asparagus	Zierspargel	*Mimosa*	Mimose
Begonia	Begonie	*Phoenix*	Dattelpalme
Beloperone	Zimmerhopfen	*Pandanus*	Schraubenbaum
Bromeliaceae	Bromelien	*Peperomia*	Zwergpfeffer
Ceropegia	Leuchterblume	*Sansevieria*	Bogenhanf
Chamaedorea	Bergpalme	*Saintpaulia*	Usambaraveilchen
Clerodendrum	Losbaum	*Scirpus*	Frauenhaargras
Cocos	Kokospalme	*Selenicereus*	Königin der Nacht
Codiaeum	Kroton	*Schefflera*	Schefflere
Coffea	Kaffeestrauch	*Sinningia*	Gloxinie
Coleus	Buntnessel	*Spathiphyllum*	Einblatt
Epiphyllum	Weihnachtskaktus	*Streptocarpus*	Drehfrucht
Haemanthus	Blutblume	*Zebrina*	Zebrakraut
Hibiscus	Eibisch	*Zimmerfarne:*	
Hippeastrum	Amaryllis	*Adiantum*	Frauenhaarfarn
Hoya	Wachsblume	*Asplenium*	Nestfarn
Impatiens	Fleißiges Lieschen	*Blechnum*	Rippenfarn
Jacaranda	Jakarande	*Nephrolepis*	Schwertfarn
Kalanchoe	Flammendes Käthchen	*Platycerium*	Geweihfarn

Zimmerpflanzen für temperierte Räume (10–18 °C)

Asparagus	Zierspargel	*Haemanthus*	Elefantenohr
Aspidistra	Schusterpalme	*Hedera*	Efeu
Chlorophytum	Grünlilie	*Helxine*	Bubikopf
Cissus	Klimme	*Howeia*	Kentiapalme
Clivia	Clivie	*Monstera*	Fensterblatt
Cyperus	Zypergras	*Ophiopogon*	Schlangenbart
Dracaena	Drachenbaum	*Piper*	Pfeffer
Eriobotrya	Wollmispel	*Stephanotis*	Kranzschlinge
Ficus	Gummibaum	*Tradescantia*	Tradescantie
Grevillea	Silbereiche	*Zantedeschia*	Zimmerkalla

Zimmerpflanzen für kühle Räume (9–14 °C)

Acacia	Akazie	*Hydrangea*	Hortensie
Albizzia	Albizzie	*Lachenalia*	Lachenalie
Ampelopsis	Doldenrebe	*Myrtus*	Myrte
Araucaria	Zimmertanne	*Nerium*	Oleander
Bryophyllum	Brutblatt	*Phoenix*	Phoenixpalme
Cactaceae	Kakteen	*Passiflora*	Passionsblume
Camellia	Kamelie	*Pelargonium*	Geranie
Campanula	Glockenblume	*Primula*	Primel
Chamerops	Zwergpalme	*Punica*	Granatapfel
Citrus	Zitrone	*Rosmarinus*	Rosmarin
Cyclamen	Alpenveilchen	*Solanum*	Korallenstrauch
Farfugium	Bandblume	*Sparmannia*	Zimmerline
Fatshedera	Fatshedera	*Vallota*	Vallota
Fatsia	Zimmeraralie	*Yucca*	Yucca

Damit die Pflanzen sich optimal entwickeln können, müssen alle Wachstumsfaktoren in einem gegenseitig günstigen Verhältnis zur Verfügung stehen.
In den lichtarmen Monaten (November bis Februar) z. B. ist der Wachstumsfaktor Licht nur im Minimum vorhanden. Das bedeutet, daß die Pflanzen während dieser Zeit mit Wasser, Nährstoffen und Wärme nur sehr wenig anfangen können. Das Gesetz von Minimum (entdeckt 1855 von Justus von Liebig) findet hier seine volle Anwendung. Das Gesetz besagt, daß derjenige Wachstumsfaktor, der im Verhältnis zum Bedarf in geringster Menge vorhanden ist, für das gute Wachstum der Pflanzen entscheidend ist.
Wenn in den Sommermonaten genügend Licht für das Wachstum der Pflanzen vorhanden ist, nützt diese Lichtausbeute nur sehr wenig, wenn nicht auch gleichzeitig Wasser und Nährstoffe zur Verfügung stehen.
Derjenige, der seine Pflanzen ständig beobachtet, kann sehr schnell selbst feststellen, wie die Pflanzen auf falsche beziehungsweise richtige Pflege reagieren.

Viele Wurzeln und wenig Erde sind Anzeichen dafür, daß umgepflanzt werden muß

Pflanzen umtopfen: Wann und wie oft?

Will man wissen, wann die betreffende Pflanze umgetopft werden soll, ist es erforderlich, daß man die Pflanze von Zeit zu Zeit austopft und den Bewurzelungszustand untersucht. Sind nur wenige Wurzeln und noch viel Substrat zu sehen, erübrigt sich ein Umpflanzen. Erst dann, wenn man viele Wurzeln und noch wenig Erde sehen kann, ist der Zeitpunkt für das Verpflanzen gekommen.
Der neue Topf sollte nicht allzu groß sein. Im allgemeinen reicht es aus, wenn er 3 cm im Durchmesser größer ist als der alte. Als eine weitere Faustregel gilt: Zwischen der Topfwand und dem Erdballen sollten beim Verpflanzen ca. 2 cm Abstand sein. Dieser Abstand wird dann mit frischer Erde aufgefüllt.
Beim Verpflanzen sollte man unten in den Topf in jedem Fall eine Drainage anbringen (alte Tontopfscherben oder größere Kieselsteine). Dies bietet die Gewähr, daß das überschüssige Wasser unten herauslaufen kann. Beim Umpflanzen sollte man am oberen Rand einen sogenannten Gießrand lassen, der $1/2$ bis 1 cm unter dem Topfrand liegen kann.
Nach dem Umtopfen sollte man die Pflanzen etwas trockener halten. Auf diese Art und Weise werden die Wurzeln angeregt, auf Nahrungssuche zu gehen und wachsen schneller. Selbstverständlich werden frisch umgetopfte Pflanzen in den ersten 4 Wochen nicht gedüngt. Als Substrat sollten Einheitserden verwendet werden, reine Torfsubstrate sind ungeeignet.

Noch ein paar Worte zum Topfmaterial: Tontöpfe sind für die Pflanzenpflege geeigneter als Plastiktöpfe. Bei Tontöpfen kann man sehr viel leichter feststellen, ob die Pflanzen gegossen werden müssen oder nicht. Klopft man nämlich mit dem Knöchel an den Tontopf und klingt es dabei hohl, wird Wasser benötigt. Bei einem dumpfen Klang dagegen ist noch genügend Wasser vorhanden.
Der optimale Zeitpunkt zum Umpflanzen sind die Monate März–September. Natürlich kann man in Notfällen die Pflanzen auch während des ganzen Jahres umtopfen.

Tips für den Pflanzenkauf

Vorausgesetzt man hat einen gesunden Pflanzenbestand auf der Fensterbank oder im Wintergarten, können sogenannte Neuankömmlinge eine Gefahr darstellen.
Grundsätzlich sollten nur Pflanzen gekauft werden, die krankheits- und schädlingsfrei sind. Man sollte Pflanzen keineswegs überstürzt einkaufen. Betrachtet man die Pflanzen die man kaufen will entsprechend sorgfältig, kann man sehr leicht vorhandene Schädlinge und Krankheiten feststellen. In den Fällen, wo vielleicht Unsicherheiten bestehen, sollte der Neuankömmling zunächst in Quarantäne genommen werden. Dies bedeutet, daß die Neuerwerbung zunächst einmal getrennt von den bereits vorhandenen gesunden Pflanzen aufgestellt wird. Nach einer gewissen Beobachtungszeit, wenn sich herausstellt, daß weder Krankheiten noch Schädlinge vorhanden sind, kann man den Neuling an den für ihn vorgesehenen Platz bringen.
Es ist nie verkehrt, beim Pflanzeneinkauf die dort tätigen Fachleute zu befragen, welche Voraussetzungen geschaffen werden müssen, damit sich die Pflanzen richtig »zu Hause« fühlen können.
Als Pflanzenliebhaber wird man sehr schnell einen Blick dafür entwickeln, inwieweit das Verkaufspersonal mit dem man es beim Pflanzeneinkauf zu tun hat, auch wirklich kompetent ist, denn: Pflanzenkauf ist Vertrauenssache!
Ganz anders stellt sich die Situation dar, wenn man Pflanzen als Geschenk überreicht bekommt.
Zunächst muß man sich vergewissern, um welche Pflanzen es sich überhaupt handelt. Natürlich müssen auch die geschenkten Pflanzen krankheits- und schädlingsfrei sein. Sehr schnell hat man nämlich seinen gesunden Pflanzenbestand durch derartige Neuerwerbungen verseucht.

Der Gießrand sollte etwa 1/2 bis 1 cm unter dem Topfrand liegen

Xi

Reizend

Xn

Mindergiftig

T

Giftig

T+

Sehr giftig

C

Ätzend

Richtige Benutzung des Bestimmungsschlüssels für die Krankheitsursachen der Pflanzen

Für die Benutzung empfehlen sich zwei Möglichkeiten.

1. Man geht von dem Krankheitsbild aus.
   Dazu muß man unterscheiden, ob die gesamte Pflanze oder aber nur einzelne Blätter die Schadensmerkmale aufweisen. Es ist auch darauf zu achten, ob der Stammgrund oder die Wurzeln der Pflanzen Befall zeigen. Schließlich und letztlich müssen auch noch an bzw. auf der Erdoberfläche entsprechende Beobachtungen durchgeführt werden.
   Die verschiedenen Möglichkeiten werden in der Tabelle aufgeführt und mit einer entsprechenden Kapitelnummer versehen. Dieselbe Nummer findet man wieder im Text und kommt so zu den eigentlichen Schadensursachen.

2. Man kann aber auch die Nummern im Text herausnehmen und diese mit der jeweiligen Nummer der Tabelle vergleichen. Auf diese Art und Weise kann man feststellen, welche Symptome z. B. entstehen, wenn die Pflanzen zu naß gehalten werden.
   In jedem Fall kann der Benutzer des Buches die wahren Krankheitsursachen selbst relativ einfach bestimmen.

Bienenschutz (B)

Viele Pflanzenschutzmittel sind auch für Bienen gefährlich. Bei der Anwendung dieser Mittel ist die Verordnung zum Schutz der Bienen vor Gefahren durch Pflanzenschutzmittel (Bienenschutzverordnung) vom 19. Dezember 1972 (BGBl. I S. 2515) zu beachten. Auf den Packungen und in der Gebrauchsanweisung sind die bienengefährlichen Pflanzenschutzmittel besonders gekennzeichnet. Es bedeuten:

B 1 Bienengefährlich. Diese Mittel dürfen nicht auf blühende Pflanzen ausgebracht werden. Zu »blühenden Pflanzen« gehören auch blühende Unkräuter.

B 4 Nicht bienengefährlich aufgrund einer amtlichen Prüfung bzw. aufgrund der derzeitigen Beurteilung der chemischen Zusammensetzung hinsichtlich der Wirkung auf Bienen.

Nur am optimalen Standort und bei guter Pflege gedeihen Zimmerpflanzen so üppig wie hier

1. Ganze Pflanzen

Blätter und Triebe hängen schlaff.

Informationen in Kapitel

– Trockenheit	I.9.
– Frost	I.10.
– Wurzeln abgestorben	I.1., II.1.2., III.1.
– Stammgrund: braun verfärbt	III.3., III.5.
– Stammgrund: Rinde angefressen	II.6.

Plötzlicher Abwurf von vielen Blättern und Blütenknospen die alle noch mehr oder weniger grün sind.

Luft zu trocken — I.2.

Blätter vertrocknen und fallen ab.

Pflanzen stehen zu warm und zu dunkel — I.3., I.5., I.6.

		Informationen in Kapitel
	Blätter vertrocknen, bleiben aber an der Pflanze hängen und sind mit einem Gespinst versehen.	
	Spinnmilben	I.2., II.2.1.
	Blätter bleiben klein, verblassen und die Pflanze wächst nicht mehr zügig	
	– Nährstoffmangel	I.7.
	– Wasserüberschuß	I.1.
	– Wurzeln erkrankt	I.1., III.1
	Blätter werden vom Blattrand aus braun, rollen sich ein und fallen ab	
	– Luft zu trocken	I.2.
	– Zugluft	I.8.
	– Temperaturschwankungen	I.3.
	– zu kühler Standort	I.3.
	Verkorkungen an Blättern und Stengeln, Glasigkeit bei Kakteen	
	– Wasserüberschuß	I.1.
	– Luftfeuchtigkeit zu hoch	I.4.

		Informationen in Kapitel
	Übermäßiges Längenwachstum. Blätter bleiben klein, bleichen oder werden gelb Lichtmangel	 I.5.
	Blätter fahlgrün, Blattzeichnungen verschwommen Blattmasse weich und daher krankheitsanfällig. Blühwilligkeit läßt nach. Nährstoffüberschuß	 I.7.
	Wäßrige Ausscheidungen (Tröpfchen) an Blattspitzen, -rändern und -stielen Guttation	 I.12.
	Hellgelbe, unregelmäßige geschlängelte Linien oder Flecken, besonders bei Usambaraveilchen Kaltes Gießwasser	 I.11.

2. Einzelne Blätter

Die Blattadern der Blätter sind noch grün. Die anderen Blatteile sind gelb bzw. weißlich verfärbt.

Informationen in Kapitel

Eisenmangel (Chlorose) — I.13.

Unregelmäßige etwas eingesunkene helle bis weiße Flecken, die zum gesunden Gewebe scharf abgegrenzt sind.

Sonnenbrand — I.5.

Unzählige winzig kleine, weißlich graue Blattflecken. Feines Gespinst zumeist auf der Blattunterseite aber oft auch an den Triebspitzen.

Spinnmilben (Rote Spinne) — I.2., II.2.1.

		Informationen in Kapitel
	Unzählige winzig kleine, weißlich graue Blattflecken ohne Gespinst. Die schwärzlich-glänzenden Kottröpfchen sind relativ gut sichtbar. Thripse, Blasenfüße	 I.2., II.4.
	Blätter, besonders junge Blättchen, gekräuselt oder eingerollt. Befallene Blätter klebrig glänzend. Blattläuse grün, gelblich-grün oder schwarz gefärbt	 II.5.1.
	Blätter von weißlich-grauen Gangminen durchzogen. Minierfliegen	 II.8.1.

		Informationen in Kapitel
	Blätter klebrig und glänzend. Blattunterseite, am Blattstiel und an den Trieben braune Erhebungen, die man mit einer feinen Nadel abheben kann. Schildläuse	II.5.3.
	Blätter klebrig und glänzend. Blattunterseits am Blattstiel und an den Trieben kleine, weiße, wattebauschartige Gebilde. Wolläuse/Schmierläuse	II.5.4.
	Blätter gelblich gefleckt, später vergilbt und vertrocknet. Oftmals sind die Blätter mit einem schwärzlichen, rußähnlichen Überzug versehen. Weiße Fliege, Mottenschildlaus	II.5.2.

		Informationen in Kapitel
	Blätter an den Vegetationspunkten oder Herzblättchen bleiben klein und sind erhärtet. Keine normale Blattentwicklung. Weichhautmilben	II.2.2.
	Von stärkeren Blattadern begrenzte erst gelbliche, später braungefärbte Flecken. Bei starkem Befall sterben die ganzen Blätter (tabakartig) ab. Blattälchen	II.1.3.
	Blätter angefressen. 1. Unregelmäßige Fraßstellen: Raupen 2. Buchtenfraß an den Blatträndern: Käfer des Dickmaulrüßlers	II.7. II.6.

Informationen in Kapitel

Unzählige winzig kleine, weißlich-graue Blattflecken (Stippen) ohne Gespinst.

Zikaden — II.5.5.

Weißlich-mehlartiger Belag auf Blättern, Trieben und Blüten.

Echter Mehltau — III.2.

Faulstellen an Blättern, Stengeln und Blüten, versehen mit einem mausgrauen dichten und stäubendem Belag.

Grauschimmelfäule — III.3.

Blattunterseits Rostpusteln, die entweder rostbraun oder cremefarbig sein können.

Rostpilze

Informationen in Kapitel

III.4.

Unterschiedlich große und unregelmäßig ausgeformte mehr oder weniger dunkle Blattflecken.

Verschiedene Blattfleckenpilze

III.6.

3. Am Stammgrund/ Wurzelhals

Stengelgrund braun verfärbt.
Pflanze stirbt ab.

Informationen in Kapitel

Stengelgrundfäule — III.5.

Stammgrund: Rinde abgefressen.
Pflanze stirbt ab.

Larven des Dickmaulrüßlers — II.6.

Stammgrund weichfaul und matschig. Pflanze wächst nicht mehr zügig und stirbt ab.

Bakterienfäule — IV.

Am Stammgrund blumenkohlartige Auswüchse.
Pflanze entwickelt sich kümmerlich.

Bakterienkrankheit — IV.

4. An den Wurzeln

	Informationen in Kapitel
An den Wurzeln in wollartige Wachsfäden gehüllte Läuse.	
Wurzelläuse	II.5.4.

Wurzeln abgefressen. Pflanze stirbt ab. In der Erde bis zu 12 mm lange, weißliche Larven mit braunem Kopf. Die Tiere sind ohne Beine und zumeist bäuchlings gekrümmt.	
Larven des Dickmaulrüßlers	II.6.

Wurzeln braun und abgestorben. Von den schlaff herunterhängenden Wurzelsträngen kann man die Oberhaut abziehen.	
Wurzelfäule (Naßfäule)	III.1.
Wurzeln vertrocknet (Trockenfäule)	II.1.2.

Unregelmäßige Verdickungen an den Wurzeln. Pflanzen entwickeln sich nicht mehr.	
Wurzelgallenälchen	II.1.1.

5. An bzw. auf der Erdoberfläche

Informationen in Kapitel

Kleine (2–3 mm lange) schwarze Fliegen. Die Larven sind etwa 6–7 mm lang mit schwarzem Kopf und ohne Beine.

Trauermückenlarven — II.8.2.

Winzige (1–4 mm lange) weißliche oder bläulich schwarze Tiere, die beim Gießen hochspringen.

Springschwänze — II.3.

Weißliche bis zu 3 cm lange Würmchen ohne deutliche Kopfausbildung.

Enchyträen (Fadenwürmer) — II.1

Weißer Belag auf der Topferde.

Zu hoher Salzgehalt — I.7

I. Nichtparasitäre Krankheitsursachen

Zuviel Wasser führt zu Sauerstoffmangel an den Wurzeln. Die Pflanze stirbt ab.

Im Vergleich zu Krankheiten und Schädlingen kann man die nichtparasitären Schadensursachen sehr viel häufiger an Zimmerpflanzen beobachten.

Diese Schadensursachen werden allesamt durch sogenannte Pflegefehler verursacht.
Die am häufigsten vorkommenden Pflegefehler können wie folgt beschrieben werden:

I.1. Pflanzen werden zu naß gehalten

Wie bereits unter dem Kapitel »Pflanzenpflege« (s. S. 14) beschrieben, wird der schwerwiegendste Fehler beim Gießen gemacht. Die Wurzeln der zu naß gehaltenen Pflanzen werden faulig (naßfaul). Dies wird durch die hervorgerufene Staunässe verursacht. Je nachdem wieviele Wurzeln nicht mehr funktionsfähig sind, werden zunächst einzelne oder mehrere Blätter gelb. Das ist besonders bei Jungpflanzen der Fall.
Im fortgeschrittenen Stadium, wenn die Wurzeln mehr oder weniger abgestorben sind, lassen die Pflanzen ihre Blätter und Triebe schlaff herabhängen.
Was ist zu tun? Zunächst sind die Wurzeln dieser Pflanzen zu untersuchen. Die kranken Wurzeln kann man daran erkennen, daß diese faulen. Sie hängen leblos im Wurzelballen. Die kranken Pflanzen sollten umgetopft werden. Beim Umtopfen sind die kranken Wurzeln, soweit dies möglich ist, zu entfernen. Da diese Wurzelfäule in den seltensten Fällen ansteckend ist, ist

Abgestorbene Wurzeln, hervorgerufen durch zu viel Gießen

es nicht weiter gefährlich, wenn man einige kranke oder abgestorbene Wurzelstränge übersieht und daher nicht entfernt.
Die frisch umgetopften Pflanzen sollte man relativ trocken halten. In dem Maße, wie das Substrat nur mäßig feucht gehalten wird, werden die Wurzeln zu einem stärkeren Wachstum angeregt. Sie müssen nämlich auf die Suche nach Wasser und Nährstoffen gehen. In der Zeit, wo die Pflanze trockener gehalten wird, sollte man die Blätter täglich öfter mit Wasser einsprühen. Auf diese Weise wird die Feuchtigkeit erhöht und die Verdunstung der Pflanzen etwas herabgesetzt.

I.2. Zu trockene Luft

Durch die große Trockenheit der Luft werfen manche Pflanzen plötzlich viele Blätter und Blütenknospen ab, die alle noch mehr oder weniger grün sind. Aber auch das Eintrocknen der Blätter vom Blattrand her wird durch zu trockene Luft verursacht. Im Extremfall können sich die Blätter einrollen und schließlich abfallen. In diesem Zusammenhang muß auch darauf hingewiesen werden, daß durch trockene Luft die Vermehrung der Spinnmilben und der Blasenfüße außerordentlich begünstigt wird.

I.3. Zu hohe oder zu niedrige Temperaturen

Die verschiedenen Pflanzenarten haben unterschiedliche Temperaturansprüche. Es gibt Pflanzen, die sich nur bei höheren Temperaturen gut entwickeln und es gibt wiederum andere, die kühlere Temperaturen bevorzugen. Stehen solche Pflanzen zu warm, vertrocknen die Blätter und fallen ab.
Stehen sie zu kühl, werden die Blätter vom Blattrand her braun, rollen sich ein und fallen ab. Beispiele über die unterschiedlichen Temperaturansprüche der Zimmerpflanzen finden Sie auf S. 26.

I.4. Zu hohe Luftfeuchtigkeit

Pflanzen, die bei zu hoher Luftfeuchtigkeit gehalten werden, reagieren mit Verkorkungen an den Blättern und Stengeln. Kakteen zeigen eine sogenannte Glasigkeit.

I.5. Zu heller oder zu dunkler Standort

Die Lichtansprüche der verschiedenen Pflanzenarten sind ebenfalls unterschiedlich.
Pflanzen die zu hell stehen können möglicherweise unter Sonnenbrand leiden. Lichtmangel dagegen führt zu übermäßigem Längenwachstum. Die Blätter bleiben klein, bleichen aus oder werden gelb. Es hilft dann nur eines: Die Pflanze braucht einen neuen Standort, der ihren Lichtansprüchen gerecht wird.
Die Tabelle auf S. 22 gibt Auskunft, welche Pflanzen einen sonnigen oder halbsonnigen Standort brauchen und welche Schatten vertragen.

I.6. Temperaturschwankungen

Im Allgemeinen benötigen die Pflanzen für ein zügiges Wachstum gleichmäßige Temperaturen. Dort, wo es zu extremen Temperaturschwankungen kommt, reagieren die Pflanzen negativ. Die Blätter werden vom Blattrand aus braun, rollen sich ein und fallen ab.

I.7. Nährstoffmangel und Nährstoffüberschuß

Nährstoffprobleme bei Zimmerpflanzen kommen relativ selten vor. Verwendet man sogenannte Einheitserden beim Umpflanzen, sind diese ausgeglichen mit Nährstoffen versorgt. Auch das Nachdüngen dürfte kaum Schwierigkeiten bereiten.
Bei Nährstoffmangel bleiben die Blätter klein, verblassen, die Pflanze wächst nicht mehr zügig (s. S. 11).

Vom Blattrand her eingerollte Blätter können durch zu trockene Luft verursacht werden

Nährstoffüberschuß dagegen führt dazu, daß die Blätter fahlgrün werden und evtl. vorhandene Blattzeichnungen mehr oder weniger verschwinden. Die Blattmasse insgesamt wird weich und daher sehr krankheitsanfällig. Oft läßt auch die Blühwilligkeit nach. In so einem Fall topft man die Pflanze am besten in neue Erde um, damit die überschüssigen Nährsalze entfernt werden.

Bei Wassermangel vertrocknen die Pflanzen

Frostschaden

I.8. Zugluft

Viele Pflanzen vertragen Zugluft äußerst schlecht. Die Blätter verfärben sich vom Blattrand her braun, rollen sich ein und fallen ab.

I.9. Trockenheit

Werden die Pflanzen zu trocken gehalten, was in den seltensten Fällen beobachtet werden kann, hängen die Blätter und Triebe schlaff herunter.
Sind die Pflanzen einmal versehentlich ausgetrocknet, stellt man die Töpfe in eine Schüssel mit handwarmen Wasser. Solange Luftblasen aufsteigen, kann immer noch Wasser in das Substrat eindringen. Steigen keine Luftblasen mehr auf, stellt man die Pflanze auf ein Sieb zum Abtropfen. Wenn unten kein Wasser mehr absickert, kann man die Pflanzen wieder an ihren ursprünglichen Standort zurückstellen.
Es ist bei der Pflanzenpflege ganz wichtig, daß kein Wasser im Untersetzer oder im Übertopf stehenbleibt.

I.10. Frost

Oft wird übersehen, daß unsere Zimmerpflanzen frostempfindlich sind. Werden die Fenster längere Zeit geöffnet, wenn draußen Frost herrscht, können die Pflanzen empfindliche Schäden erleiden. Genauso wie bei Trockenheit können plötzlich die Blätter und Triebe schlaff herunterhängen.

I.11. Zu kaltes Gießwasser

Abgestandenes Gießwasser vertragen Pflanzen am besten. Wird zu kaltes Gießwasser verwendet, können auf den Blättern hellgelbe, unregelmäßig geschlängelte Linien oder Blattflecken auftreten. Besonders empfindlich ist das Usambaraveilchen. Deshalb nur mit abgestandenem und handwarmem Wasser gießen.

I.12. Guttation oder auch Tröpfchenbildung

Wässrige Ausscheidungen (Tröpfchen) an Blattspitzen, -rändern und -stielen kann man besonders dann beobachten, wenn die Pflanzen reichlich mit Wasser versorgt sind und die relative Luftfeuchtigkeit hoch ist. Die sogenannte Tropfenbildung an den Blättern ist jedoch völlig harmlos und ohne jegliche Bedeutung.

I.13. Eisenmangel (Chlorose)

Die Blätter sind gelb bzw. weißlich verfärbt nur die Blattadern sind noch grün. Dieses Schadbild wird durch Eisenmangel (Chlorose) verursacht. Eisenmangel kann dadurch entstehen, daß der Kalkgehalt in der Erde zu hoch ist (zu kalkhaltiges Gießwasser). Durch den hohen Kalkgehalt wird Eisen, das im Boden vorhanden ist, festgelegt. Es steht also für die Pflanze nicht mehr zur Verfügung.
Man kann jedoch auch durch übermäßiges Gießen eine sogenannte »Schlechtwetter-Gelbsucht« erzeugen, die dem Eisenmangel sehr ähnlich ist.

Blattflecken, wie sie zu kaltes Gießwasser verursacht

II. Tierische Schädlinge

Zu den tierischen Schaderregern bei Pflanzen werden die Schädlinge gezählt, die in der Lage sind, das Wachstum der Pflanzen negativ zu beeinträchtigen.
Von dem großen Heer der Schädlinge, die im Freiland auftreten, ist es bei Zimmerpflanzen glücklicherweise nur eine kleine Anzahl, die dafür in Betracht kommen.

Im einzelnen sind dies:
Fadenwürmer, Älchen (Nematoden),
Milben (z. B. Spinnmilben und Weichhautmilben),
Springschwänze,
Blasenfüße (Fransenflügler, Thripse),
Schnabelkerfe (z. B. Blattläuse, Mottenschildläuse/Weiße Fliege, Schildläuse, Schmierläuse, Zikaden),
Raupen von verschiedenen Schmetterlingen bzw. Käfern, Dickmaulrüßler,
Minierfliegen, Trauermücken, Enchyträen.

Einer der bekanntesten Schädlinge: die Blattlaus (rechts).
Älchen (Nematoden): Die Tiere sind mit bloßem Auge nicht sichtbar (unten)

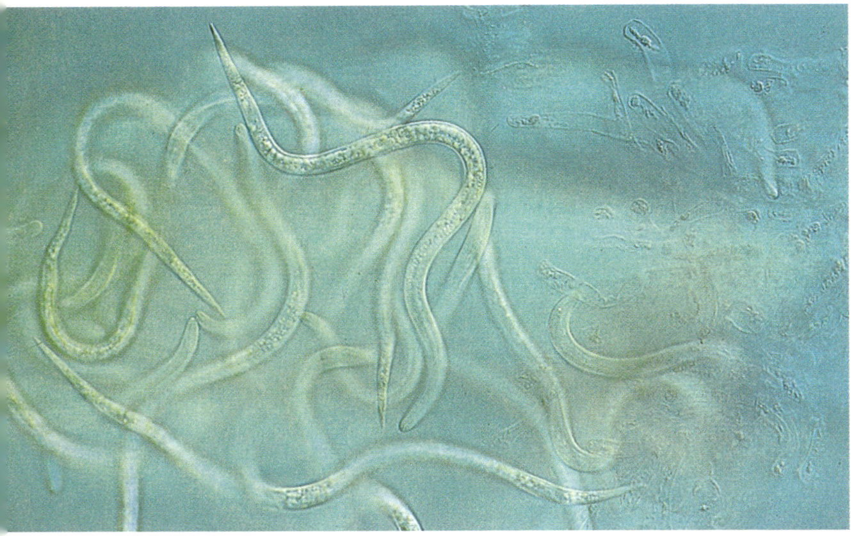

II.1. Fadenwürmer, Älchen (Nematoden)

Bei den Fadenwürmern unterscheidet man:
Wurzelgallenälchen,
Wurzelälchen freilebend ohne Zystenbildung,
Blattälchen,
Wurzelälchen mit Zystenbildung außen an den Wurzeln,
Stock- oder Stengelälchen.
Nur die drei ersten Arten sind bei Zimmerpflanzen von Bedeutung.

II.1.1. Wurzelgallenälchen *(Meloidogyne hapla)*

An den Wurzeln findet man gallenartige Anschwellungen, die verschieden groß sein können. Die Wurzeln, die unterhalb der Gallen gelegen sind, und die Gallen selbst verfaulen und sterben allmählich ab. Die Pflanzen kümmern und gehen ein. Die Larven der Nematoden, die im Boden leben, bohren sich in die Wurzeln der Pflanzen ein. Dort findet dann auch der Umwandlungsprozeß von der Larve zum Geschlechtstier statt. Männchen werden dabei sehr selten gebildet. Die Weibchen setzen sich im Gewebe fest und nehmen birnen- oder flaschenförmige Gestalt an. An den Stellen, wo die Weibchen sich festsetzen, schwellen die Wurzeln an und entwickeln sich zu den besagten Gallen. Das Weibchen stirbt nach der Reifung der in seinem Inneren sich entwickelnden Eier ab. Die Haut des Weibchens bil-

Wurzelgallenälchenbefall

det noch eine längere Zeit für die Eier eine Hülle. Nach dem Zerfall der Gallen gelangen die neuen Larven in den Boden und die Entwicklung beginnt von neuem. Bei +27 °C kann sie etwa 25 Tage und bei +16 °C 87 Tage dauern.

Die Blätter der befallenen Pflanzen bleiben klein, verblassen und die ganze Pflanze wächst nicht mehr zügig. Topft man die Pflanzen aus, kann man an den Wurzeln die mehr oder weniger großen Gallen mit der Hilfe einer Lupe leicht erkennen.

Wirksame Bekämpfungsmaßnahmen gibt es z. Z. nicht. Befallene Pflanzen sollten entfernt und vernichtet werden.

II.1.2. Wurzelälchen freilebend ohne Zystenbildung (*Pratylenchus* sp.) (freilebende Nematoden)

Die Wurzeln der befallenen Pflanzen sind trocken verbräunt. Die Nematoden sind mikroskopisch klein und daher mit dem bloßen Auge nicht sichtbar.

Die Blätter der befallenen Pflanzen bleiben klein, verblassen und die Pflanze wächst nicht mehr zügig. Da eine wirksame Bekämpfungsmöglichkeit fehlt, müssen befallene Pflanzen vernichtet werden.

II.1.3. Blattälchen (*Aphelenchoides* sp.)

Die Blattälchen befallen die Pflanzen vom Boden aus. Die Tiere wandern bei ausreichender Feuchtigkeit an der Oberfläche der Stengel zu den Blättern hoch. Dort dringen sie durch die Spaltöffnungen in das Blattinnere ein. Die befallenen Blätter zeigen folgendes Schadbild: Von stärkeren Blattadern begrenzte erst gelbliche, später braun gefärbte Flecken. Bei starkem Befall sterben die Blätter (tabakartig) ab.

Eine wirksame Bekämpfungsmaßnahme gibt es z. Z. nicht. Es wird daher empfohlen, zunächst die befallenen Blätter abzupflücken. In vielen Fällen kann der Schaden damit behoben werden.

II.1.4. Enchyträen (Fadenwürmer)

Ebenfalls auf oder in der Erde kann man bisweilen weißliche bis zu 3 cm lange Würmchen erkennen. Diese Tiere besitzen im Gegensatz zu den Trauermückenlarven keine ausgeprägte Kopfkapsel. Man kann eigentlich mit dem bloßen Auge gar nicht erkennen, wo sich der Kopf und wo der Schwanz sich befindet.

Diese Enchyträen oder auch Fadenwürmer genannt, verursachen an den Pflanzen keinerlei Schäden. Sie ernähren sich von bereits abgestorbenem Pflanzenmaterial. Werden die Pflanzen etwas tockener gehalten, verschwinden die Enchyträen in den meisten Fällen wieder von selbst.

2. Milben

Milben sind Pflanzensaftsauger, d. h., sie stechen das Gewebe der Pflanzen an und saugen den Zellinhalt aus. An Zimmerpflanzen treten zwei verschiedene Milben auf: Spinnmilben und Weichhautmilben.

II.2.1. Spinnmilben (Rote Spinne, Bohnenspinnmilbe) *(Tetranychus urticae)*

Die ca. 0,5 mm großen Tiere entwickeln sich besonders gut bei trockener und warmer Witterung. Sie halten sich vorzugsweise auf den Blattunterseiten auf. Bei einem Massenbefall sind die Blattunterseiten, aber auch die Triebspitzen mit einem feinen Gespinst (daher der Name Spinnmilben) überzogen.

Je nachdem, auf welcher Nährpflanze sich die Spinnmilben befinden, sind diese Tiere gelblich, grünlich oder rötlich gefärbt. Die Larven besitzen 6 Beine, die ausgewachsenen Tiere dagegen 8.

Spinnmilben vermehren sich durch Eier. Diese sind kugelrund und durchsichtig hell gefärbt. Bei Befallsbeginn sind an den einzelnen Blättern zunächst unzählige, winzige kleine, weißlich-graue Blattflecken zu erkennen, die wie folgt zustandekommen:

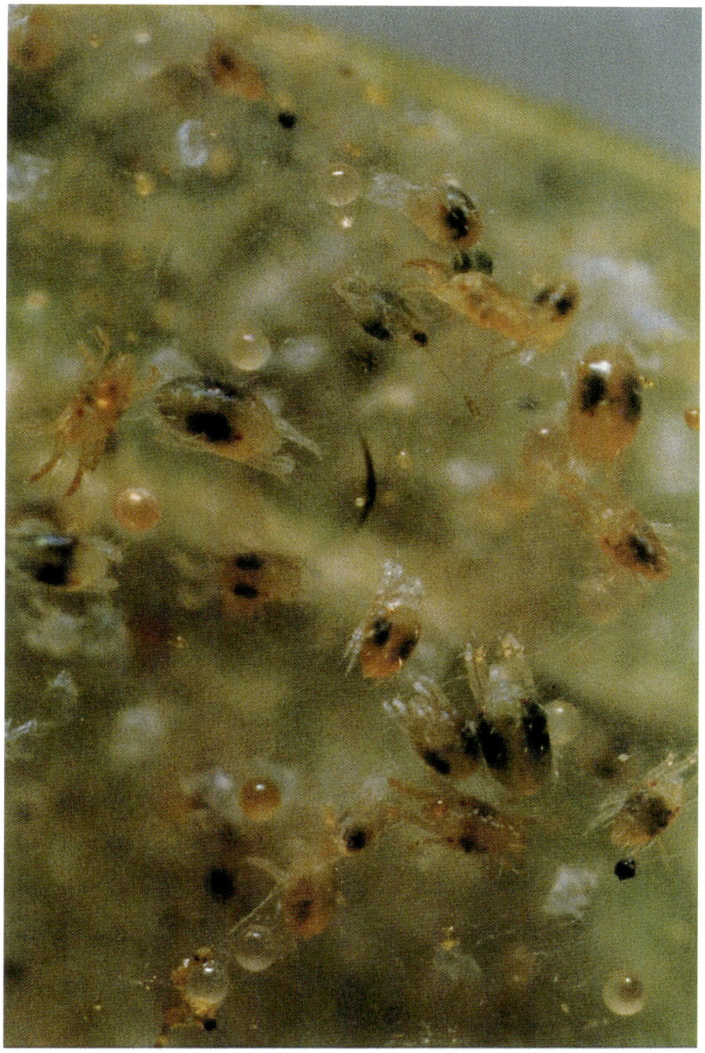

Spinnmilben. Die Eier sind stecknadelkopfgroß und rund

Die Tiere saugen den Zellsaft aus. In die nun leeren Pflanzenzellen dringt Luft ein. Die mit Luft gefüllten Zellen geben dem Blatt das gesprenkelte Aussehen.
Bei starkem Befall vertrocknen die Blätter an der Pflanze, bleiben hängen und sind mit einem Gespinst versehen. Spinnmilben befallen eine große Anzahl Zimmerpflanzen. Selbst Kakteen können gelegentlich geschädigt werden.
Die Spinnmilbenbekämpfung bei Zimmerpflanzen ist auf biologische Art durch den Einsatz von Raubmilben sehr gut möglich.
Die kleinen, rötlichen Raubmilben fressen ausschließlich Spinnmilben. Der Einsatz der Raubmilben sollte bereits dann erfolgen, wenn die ersten Spinnmilben sichtbar werden.
Beim Raubmilbeneinsatz ist darauf zu achten, daß die Luftfeuchtigkeit z. B. durch Sprühen etwas erhöht wird, damit die Nützlinge optimale Lebensbedingungen haben (s. S. 86). Denn anders als Spinnmilben gedeihen Raubmilben bei feuchter Luft besser.

Wirkstoff (Firma)	Präparat	Aufwandmenge, Konzentration	Gefahrensymbol	Bienenschutz
Kali-Seife (Neudorff)	Neudosan Neudosan AF	2 % unverdünnt sprühen	–	B4
(Thompson)	Pflanzen Paral Schädlings-Frei	unverdünnt sprühen	–	B4
Mineralöl (Neudorff)	Promanal	3 %	–	B4
	Promanal AF	unverdünnt sprühen	–	
(Stähler)	Para-Sommer	3 %	–	B4
Omethoat (Bayer)	Lizetan Zierpfl.-Spray	(Spraydose)	–	B1
Piperonylbutoxid+ Pyrethrum (Neudorff) (Celaflor)	Spruzit Gartenspray Spruzit Zimmerpfl.-Spray Gartenspray Parexan	(Spraydose)	–	B4
	Spruzit Staub	2,5 g/m^2	–	B4

Befall durch Weichhautmilben, die linke Pflanze ist gesund

Die Versandeinheit beträgt 100 Raubmilben, die für 10 m^2 Pflanzenfläche ausreichen.
Die Bekämpfung mit chemischen Präparaten ist äußerst schwierig. Die befallenen Pflanzen müssen sehr sorgfältig und gründlich behandelt werden. Je nach dem, welches Präparat eingesetzt wird, ist es erforderlich, daß die Behandlung mehrmals wiederholt wird. Die Gebrauchsanleitungen der Vertriebsfirmen sind daher besonders genau zu beachten.
Nebenstehende Präparate sind von der Biologischen Bundesanstalt für Land- und Forstwirtschaft geprüft und zugelassen.

II.2.2. Weichhautmilben (*Tarsonemus* sp.)

Die glasklar, durchscheinenden winzig kleinen Weichhautmilben sind mit dem bloßen Auge nicht erkennbar. Man findet die runden bis ovalförmigen Milben mit Hilfe einer Lupe an den Herzblättchen bzw. am Vegetationskegel der Pflanze.
Weichhautmilben lieben im Gegensatz zu den Spinnmilben eine etwas höhere Luftfeuchtigkeit und kühlere Temperaturen.
Die geschädigten Pflanzen zeigen folgende Symptome: Die Blätter an den Vegetationspunkten oder Herzblättchen bleiben klein und sind verhärtet. Es findet keine normale Blattentwicklung mehr statt.
Weichhautmilben schädigen in erster Linie Usambaraveilchen, Gloxinien, Efeu. Ihre Bedeutung bei Zimmerpflanzen ist jedoch gering, da die Luftfeuchtigkeit in den Wohnräumen in den meisten Fällen so gering ist, daß sich die Weichhautmilben nicht gut entwickeln können.
Zur wirksamen Bekämpfung gibt es z. Z. keine Verfahren.

II.3. Springschwänze (*Onychiurus* sp.)

Die Springschwänze werden zu den Ur-Insekten gezählt und sind nahe verwandt mit den Silberfischchen. Ihren Namen haben sie von der an ihrem Hinterende befindlichen Sprunggabel, die die Tiere zum Springen befähigt. Bemerkenswert ist allerdings, daß nicht alle Springschwanzarten diese typische Sprunggabel besitzen.

Thripse (Blasenfüße) in verschiedenen Entwicklungsstadien

Die Tiere halten sich am liebsten in gleichmäßig feuchter Erde auf. Sie ernähren sich im allgemeinen von zerfallender, organischer Substanz.
Gelegentlich schädigen sie jedoch auch an zarten, saftigen Pflanzenteilen. Keimender Samen bzw. junge Sämlinge sind daher besonders gefährdet.
Die Tiere sind winzig klein (1–4 mm lang) weißlich oder bläulich-schwarz gefärbt. Wenn man die Pflanzen gießt, kann man beobachten, daß sie mehr oder weniger zahlreich hochspringen.
Da sich die Springschwänze in feuchtem Substrat besonders gut vermehren können, ist es empfehlenswert, die Pflanzen gelegentlich etwas trockener werden zu lassen.
Auch durch das Auflockern der Bodenoberfläche werden die Tiere in ihrer Entwicklung gestört.
Eine Bekämpfung erübrigt sich in den meisten Fällen. Dort, wo sie in großer Zahl überhandnehmen, können Gelbsticker eingesetzt werden.

II.4. Blasenfüße (Fransenflügler, Thripse) (*Heliothrips* u. a. Arten)

Die Blasenfüße lieben, genau so wie die Spinnmilben, Wärme und trockene Luft. Die Tiere sind ca. 1–2 mm lang und werden zu den saugenden Insekten gezählt. Während die ausgewachsenen Tiere geflügelt sind, besitzen die Larven keine Flügel. Die ausgewachsenen Tiere legen mit Hilfe eines Legestachels ihre Eier sowohl in die Blätter als auch auf den Blättern ab. Bereits nach einer Woche schlüpfen die Jungtiere und unter günstigen Lebensbedingungen entwickelt sich innerhalb von einem Monat eine neue Generation. Pro Jahr entwickeln sich mehrere Generationen, was dazu führt, daß die Pflanzen sehr stark befallen werden können.

Die kranken Pflanzen sind an den verkrüppelten, silbrigglänzenden Blättern zu erkennen. Im weiteren Krankheitsverlauf können die Blätter gelb werden und vertrocknen schließlich. Auf den Blattunterseiten kann man deutlich die schwärzlich-glänzenden Kottröpfchen der Tiere erkennen.

Zur biologischen Thripsbekämpfung werden Raubmilben (*Amblyseius* spp.) angeboten.

Diese Raubmilbenart unterscheidet sich von den Raubmilben zur Spinnmilbenbekämpfung und ernährt sich ausschließlich von Thripslarven.

Die Versandeinheit beträgt etwa 10 000 Tiere, die für 10 m^2 Pflanzenfläche ausreicht. Je zeitiger sie ausgesetzt werden, umso sicherer ist der Bekämpfungserfolg. Selbstverständlich schädigen diese Nützlinge die Pflanzen nicht. Haben sie ihr Werk getan, d. h., haben sie die Thripse vernichtet, sterben sie eines natürlichen Todes, d. h., sie verhungern.

Werden chemische Präparate eingesetzt, ist zu berücksichtigen, daß diese zumeist nur die erwachsenen Stadien wirkungsvoll abtöten. Aus diesem Grund ist es erforderlich, daß die Pflanzen sorgfältig und gründlich behandelt werden. Wie oft die Anwendung wiederholt werden muß, kann der jeweiligen Präparatebeschreibung entnommen werden. Mehrmalige Behandlungen sind unbedingt angeraten, da die Generationenfolge sehr kurz ist.

Zur Thripsbekämpfung sind von der Biologischen Bundesanstalt folgende Pflanzenschutz-Präparate geprüft und zugelassen:

Wirkstoff (Firma)	Präparat	Aufwandmenge Konzentration	Gefahrensymbol	Bienenschutz	Bemerkung
Butocarboxim (Dow)	Systemschutz D Hydro	1 ml/l	Xi	B2	Zimmerpflanzen Hydrokulturen
Omethoat (Bayer)	Lizetan Zierpfl.-Spray	(Spraydose)	–	B1	
Pyrethrum+ Piperonylbutoxid (Neudorff)	Spruzit Gartenspray Spruzit Zimmerpflanzen-Spray	(Spraydose)	–	B4	

II.5. Schnabelkerfe

Bei den Schnabelkerfen handelt es sich um saugende Insekten, die sich von Pflanzensäften ernähren. Aus der Gruppe der Schnabelkerfen stammen besonders viele Pflanzenschädlinge, die bei Zimmerpflanzen Probleme bereiten. Zu den wichtigsten Arten sind zu zählen: Blattläuse, Mottenschildläuse/Weiße Fliege, Schildläuse, Schmierläuse und Zikaden.

II.5.1. Blattläuse (*Mycus persicae* u. a.)

Die Blattläuse zählen zu den am häufigsten vorkommenden Schädlingen. Es gibt kaum eine Pflanze, die nicht von Blattläusen befallen werden könnte.

Betrachtet man eine Blattlauskolonie etwas näher, dann kann man die Blattläuse in ihren verschiedenen Entwicklungsstadien beobachten: Altläuse, ältere Larven, jüngere Larven, Vorstadien von geflügelten Läusen (Nymphen) und geflügelte Läuse.

Auf Zimmerpflanzen vermehren sich die Blattläuse das ganze Jahr über ungeschlechtlich, d. h., ohne Befruchtung. Die Anzahl der Generationen, die jährlich entstehen können, ist in erster Linie von der Temperatur abhängig. Unter günstigen Bedingungen kann eine einzige Blattlaus mehr als 150 lebende Junge gebären, die sich bereits nach 7–10 Tagen wieder weiter vermehren können.

Blattläuse gebären während der Sommermonate lebende Junge

Blattläuse saugen an Blättern, Trieben, Triebspitzen, Blüten und einigen Arten sogar an den Wurzeln der Pflanzen. Sie können je nachdem grün, gelblichgrün oder schwarz gefärbt sein.
Die befallenen Blätter sind verkrüppelt und teilweise verfärbt, die befallenen Triebe gekrümmt oder gestaucht. Typisch für einen Blattlausbefall ist ein klebriger Überzug (Honigtau) auf den Blättern.
Eine wirksame Bekämpfung der Blattläuse ist aus mehreren Gründen erforderlich.

- Sie entziehen den Pflanzen Zellsaft, was zu einer Schwächung führt.
- Einige Arten geben beim Anstechen des Pflanzengewebes pflanzengiftige Stoffe ab, was zu einem krankhaften Wuchs führt (gekräuselte und eingerollte Blätter).
- Bei der Speichelabgabe in das pflanzliche Gewebe und der Aufnahme des Pflanzensaftes können Blattläuse Viruskrankheiten übertragen.
- Die zuckerreichen, klebrigen Ausscheidungen der Blattläuse verunzieren die Pflanzenteile, wenn sich darauf Rußtaupilze ansiedeln.

Bei Zimmerpflanzen können die Blattläuse sehr effektiv auf biologische Art und Weise bekämpft werden. Als Nützlinge können im Fachgeschäft Räuberische Gallmücken und Florfliegen bezogen werden.
Die Räuberischen Gallmücken ernähren sich von Blattläusen. Sie legen Eier in Blattlausnähe ab. Aus den Eiern schlüpfen kleine Larven, die sich ausschließlich von Blattläusen ernähren.
Gehandelt werden die Puppen der Räuberischen Gallmücke. Die Versandeinheit beträgt 80 Gallmücken-Puppen, ausreichend für 10 qm² Pflanzenfläche.
Die Gemeine Florfliege ist auch bekannt unter dem Namen »Goldauge« oder »Blattlauslöwe«. Die Bezeichnung »Blattlauslöwe« bzieht sich auf die Larven dieser grünen Insekten,

Blattlauskolonie

denn diese leben »räuberisch«, d. h., sie verzehren kleine Insekten und deren Eier, vor allem aber Blattläuse. Florfliegen werden in Form von Eiern gehandelt. Die kleinste Versandeinheit beträgt 100 Florfliegen-Eier, die für 10 m^2 Pflanzenfläche ausreichen. Als alternative Bekämpfungsmaßnahmen sind folgende Pflanzenbrühen geeignet:

Brennessel-Brühe (links):
1 kg frische Brennessel auf 10 l Wasser 12–24 Std. ziehen lassen, unverdünnt spritzen

Schmierseifen-Brühe (unten):
300 g Schmierseife, aufgelöst in warmem Wasser, 0,5 l Spiritus, 1 Eßl. Kalk, 1 Eßl. Salz, pro 10 l Wasser

Bei dem Brennessel-Kaltwasserauszug gehen vor allem die reizenden Stoffe der Pflanze in das Wasser über und töten die Schädlinge ab. Die Schmierseifenlösung dagegen überzieht die Blattläuse mit einem feinen Seifen-Film. Die Insekten können dann vermutlich nicht mehr atmen und sterben ab. Beide Mittel müssen, je nach der Stärke des Befalls, mehrfach angewandt werden.

Folgende Präparate sind von der Biologischen Bundesanstalt zur Blattlausbekämpfung geprüft und zugelassen:

Wirkstoff (Firma)	Präparat	Aufwandmenge Konzentration	Gefahrensymbol	Bienenschutz
Kali-Seife (Neudorff)	Neudosan Neudosan AF	2 % unverdünnt sprühen	–	B4
(Thompson)	Pflanzen Paral Schädlings-Frei	unverdünnt sprühen	–	B4
Omethoat (Bayer)	Lizetan Zierpfl.-Spray	(Spraydose)	–	B1
Piperonylbutoxid+ Pyrethrum (Neudorff) (Celaflor)	Spruzit Gartenspray Spruzit Zimmerpfl.-Spray Gartenspray Parexan	(Spraydose)	–	B4
	Spruzit Staub	2,5 g/m^2	–	B4
Dimethoat (Celaflor)	Pflanzenschutz-Zäpfchen Etisso	1–3 Zäpfchen je nach Topfgröße	–	B4
Butocarboxim (Thompson) (Wacker Chemie)	Pflanzen-Paral Pflanzenschutz-Zäpfchen	1–2 Stäbchen bei jungen, 2–3 bei älteren	–	B4
	Plant Pin	Pflanzen in den Topf stecken	–	B4

II.5.2. Mottenschildlaus (Weiße Fliege) *(Trialeurodes vaporariorum)*

Trockene Luft und Wärme sind ideale Voraussetzungen für die Entwicklung der Weißen Fliege. Sie ist daher bei Zimmerpflanzen ein besonders gefürchteter Schädling. Die erwachsenen Tiere sind etwa 1,5 mm lang und besitzen 4 dachförmig übereinanderstehende Flügelchen, die genau so wie der übrige Körper mit weißen Wachsausscheidungen bedeckt sind.

Weiße Fliege in verschiedenen Entwicklungsstadien

Gelbtafeln bzw. Gelbsticker helfen bei der Bekämpfung der Weißen Fliege

Die Weibchen sind in der Lage bis zu 500 Eier auf die Blattunterseite abzulegen. Diese Eier sind zuerst gelblich oder grünlich-weiß und verfärben sich später dunkelbraun bis schwarz.
Schon bald nach der Eiablage schlüpfen die Larven, die in der ersten Zeit noch beweglich sind. Im weiteren Entwicklungsverlauf werden sie jedoch wie die sogenannten Pupparien (puppenähnlicher Zustand) unbeweglich. Die Entwicklungsdauer vom Ei bis zum Vollinsekt dauert unter günstigen Bedingungen (+25 °–+30 °C und niedere relative Luftfeuchte) etwa zweieinhalb bis drei Wochen. Die Weiße Fliege kann an vielen verschiedenen Zimmerpflanzen vorkommen.
Die befallenen Blätter sind gelblich gefleckt, später vergilbt und vertrocknen schließlich. Oftmals sind die Blätter mit einem schwärzlichen, rußähnlichen Überzug versehen. Dieser stammt von sogenannten Rußtaupilzen, die sich auf dem Honigtau, den Ausscheidungen der Weißen Fliege ansiedeln. Solche Blätter verkümmern nach und nach und sterben schließlich ab.
Die Bekämpfung der Weißen Fliege auf biologische Art ist sehr effektiv. Im Fachhandel sind Schlupfwespen *(Encarsia formosa)* erhältlich. Die Schlupfwespen legen ihre Eier in die Larven der Weißen Fliege ab, so daß sich anstelle einer Weißen Fliege eine Schlupfwespe entwickelt (s. S. 89).
Geliefert werden parasitierte Larven der Weißen Fliege. Die Versandeinheit beträgt 100 Schlupfwespen, ausreichend für 10 m^2 Pflanzenfläche.
An biotechnischen Bekämpfungsmaßnahmen sind die sogenannten Gelbtafeln oder aber auch Gelbsticker im Handel.

Pro befallene Pflanze verwendet man 1 Sticker. Die Tiere werden von der gelben Farbe angelockt und bleiben auf der mit Leim gesprühten gelben Fläche kleben. Zur Behandlung einzelner Pflanzen kann auch der Staubsauger verwendet werden. Auf schwacher Saugstufe eingestellt, kann man die erwachsenen Tiere (Weiße Fliege) absaugen. Wird dies in regelmäßigen Abständen sorgfältig durchgeführt, kann der Befall in Grenzen gehalten bzw. getilgt werden, da man nach und nach alle erwachsenen Tiere absaugt und so die Entstehung neuer Generationen verhindert.
Zur Bekämpfung sind von der Biologischen Bundesanstalt folgende Präparate geprüft und zugelassen:

Die Weiße Fliege kann auch ganz einfach mit dem Staubsauger bekämpft werden

Wirkstoff (Firma)	Präparat	Aufwandmenge Konzentration	Gefahrensymbol	Bienenschutz
Butocarboxim (Thompson-Siegel)	Pflanzen-Paral-Sprühdose gegen Blattläuse	(Spraydose)	–	B4
Omethoat (Bayer)	Lizetan Zierpfl.-Spray	(Spraydose)	–	B1
Pyrethrum+ Piperonylbutoxid (Neudorff)	Spruzit Gartenspray Spruzit Zimmerpfl.-Spray	(Spraydose)	–	B4
Kali-Seife (Neudorff)	Neudosan Neudosan AF	2 % unverdünnt sprühen	–	B4
(Thompson)	Pflanzen Paral Schädlings-Frei	unverdünnt sprühen	–	B4

II.5.3. Schildläuse (*Diaspis* sp. u. a.)

Schildläuse sind hartnäckige Schädlinge

Die Schildläuse schädigen die Pflanzen durch ihre Saugtätigkeit. Bei massenhaften Auftreten, was bei Zimmerpflanzen nicht selten ist, werden die Pflanzen durch die klebrigen Ausscheidungen der Schildläuse (Honigtau) beschmutzt und unansehnlich. Dies ist besonders dann der Fall, wenn sich auf dem Honigtau die sogenannten Rußtaupilze ansiedeln.

Die kleinen Schildlauslarven wandern zunächst auf den Pflanzen umher und suchen eine Stelle, die zum Saugen des Pflanzensaftes besonders geeignet ist. Haben sie eine solche gefunden, saugen sie sich auf Dauer fest und bilden eine verhärtete Rückenhaut, die sich dann im Laufe der Zeit zu einem Schild umbildet. So bleiben die Tiere bis an ihr Lebensende auf ein und dem selben Fleck sitzen.

Selbstverständlich werden auch die Eier von den Weibchen unter dem Schild abgelegt. Die Vermehrungsrate der Tiere ist sehr groß. Nicht selten kann man unter einem Schild, wenn man diesen auf den Rücken dreht, mehrere 100 Eier bzw. Junglarven finden.

Aufgrund der besonderen Lebensvorgänge ist eine wirksame Bekämpfung der Schildläuse sehr schwierig. Die jungen Larven sind nämlich, solange sie sich unter dem Mutterschild befinden, sehr gut geschützt.

Biologische Bekämpfungsmaßnahmen zur Schildlausbekämpfung sind zur Zeit nicht vorhanden.

Eine wirksame Bekämpfung der Schildläuse durch Absammeln bzw. durch Bestreichen der Blätter mit Schmierseife, Salatöl u. a. Produkten ist kaum möglich. Die Schmierläuse sitzen nämlich nicht nur an den Blättern (Blattober- und -unterseite) sie sitzen auch an den Blattstielen, an den Ästchen und an den Zweigen. Dort kann man sie mit dem bloßen Auge kaum erkennen oder man übersieht sie, was die Wirkung der Behandlungsmaßnahme sehr beeinträchtigt. Dies sind auch meistens die Ausgangsstellen für einen Neubefall. Eine biologische Bekämpfung ist nicht möglich.

Zur Schildlausbekämpfung sind von der Biologischen Bundesanstalt folgende Präparate geprüft und zugelassen: s. Schmierläuse S. 69.

II.5.4. Wolläuse/Schmierläuse/ Wurzelläuse (*Pseudococcus* sp. u. a.)

Im Gegensatz zu den Schildläusen sind die Schmierläuse, auch Wolläuse genannt, frei beweglich.
Die befallenen Blätter sind wie bei den Schildläusen klebrig und glänzend. An der Blattunterseite, am Blattstiel und an den Trieben kann man kleine, weiße, wattebauschartige Gebilde erkennen.
Die Schmierläuse zählen wie die Blattläuse und die Wolläuse zu den saugenden Insekten. Sie schädigen die Pflanzen indem sie den Pflanzensaft aussaugen.
Viele Zimmerpflanzen können von den Schmierläusen befallen werden. Einige Schmier- und Wollausarten können gelegentlich als sogenannte Wurzelläuse an den Pflanzenwurzeln entdeckt werden. Die Wurzeln der befallenen Pflanzen zeigen die in

Eine weitere Schildlaus-Art an einem Nestfarn

Schildläuse: ein umgedrehtes Muttertier mit Eiern und Larven

Wolläuse können sich frei bewegen

Schmier- oder Wolläuse an einem Kaktus

wollartige Wachsfäden gehüllten Läuse. Der Schaden, der von diesen Wurzelläusen an den Pflanzen verursacht wird, ist zunächst minimal. Im Laufe der Zeit jedoch kann sich der Befall sehr deutlich ausdehnen und besonders dann, wenn die Pflanzen in einem Pflanztrog zu mehreren zusammenstehen, werden alle Pflanzen befallen. Bei einem Massenbefall leidet der Wuchs der Pflanzen deutlich. Eine wirksame Bekämpfung der Wurzelläuse ist nicht möglich. Die befallenen Pflanzen sollten daher vernichtet werden.

Die Schmier- und Wolläuse können jedoch auf biologische Art und Weise sehr effektiv bekämpft werden. Der Australische Maikäfer vertilgt zuverlässig alle Arten oberirdisch auftretender Woll- und Schmierläuse.

Er wird als Käfer gehandelt. 1 Einheit = 25 Käfer reicht für 10 qm^2 Pflanzenfläche aus.

Von der Biologischen Bundesanstalt zur Bekämpfung von Schmier- und Wolläusen sind folgende Präparate geprüft und zugelassen:

Wirkstoff (Firma)	Präparat	Aufwandmenge Konzentration	Gefahrensymbol	Bienenschutz
Paraffinöl (Celaflor)	Austrieb-Spritzmittel Weißöl	3 %	–	B4
(Stähler)	Para Sommer	2 %	–	B4
(Neudorff)	Promanal	3 %	–	B4
	Promanal AF	sprühen		

Saugschäden (oben), verursacht durch Zikaden (unten)

II.5.5. Zikaden (*Typhlocyba* sp. u. a.)

Zikaden sind etwa 2–3 mm lang und gelblich oder grünlich gefärbt. Werden sie gestört, springen oder fliegen sie auf. Die Larven haben noch keine ausgebildeten Flügel und können daher nur mit ihren Hinterbeinen, die als Sprungbeine ausgebildet sind davonspringen.

Man findet Zikaden meist an der Unterseite der Blätter sitzend, wo sie aus den Pflanzenzellen den Saft aussaugen.

Der Schaden, der durch Zikaden entsteht erkennt man anhand unzähliger winzig kleiner, weißlich-grauer Blattflecken (»Stippen«). Anders als beim Spinnmilbenbefall findet man aber keine Gespinste.

Die Tiere lieben eine trockene Luft. Bei Zimmerpflanzen treten sie allerdings nur gelegentlich auf.

Eine biologische Bekämpfungsmaßnahme ist nicht möglich.

Wenn Bekämpfungsmaßnahmen eingeleitet werden müssen – dies ist dann der Fall, wenn man beobachtet, daß trotz des Abpflückens befallener Blätter der Befall an der Pflanze ständig zunimmt – können dieselben Präparate eingesetzt werden wie bei der Blattlausbekämpfung.

II.6. Käfer

Alle Käfer-Arten und ihre Larven zählen zu den beißenden Insekten. Von der großen Zahl an Käfern, die als Pflanzenschädlinge infrage kommen, hat bei Zimmerpflanzen lediglich der Dickmaulrüßler *(Otiorrhynchus sulcatus)* eine große Bedeutung. Die Larven des Käfers, die bis zu 12 mm lang werden, leben im Boden. Sie sind weißlich, ohne Beine und besitzen einen braunen Kopf. Zumeist liegen sie bäuchlings gekrümmt in der Erde. Dort

Käfer des Dickmaulrüßlers (unten), sowie Eier (links)

fressen sie an den Pflanzenwurzeln und auch am Stammgrund der Pflanzen.
Die Käfer sind etwa 1 cm groß und dunkelgrau bis schwarz gefärbt. Sie besitzen einen deutlich ausgeprägten gefurchten Rüssel. Aus diesem Grund nennt man diesen Schädling auch den Gefurchten Dickmaulrüßler.
Tagsüber sitzen die Käfer versteckt am Boden oder dicht unter der Bodenoberfläche. In der Dämmerung klettern sie an den Pflanzen hoch und verursachen an den Blättern einen typischen Fraßschaden. Die Blätter werden vom Blattrand her halbkreisförmig angefressen. Das Fraßbild wird als sogenannter Buchtenfraß bezeichnet.
Die Dickmaulrüßler-Larven können sehr gut biologisch bekämpft werden. Eingesetzt werden Nematoden mit der Bezeichnung *Heterorhabditis* sp., die im Fachhandel bezogen werden können. (Siehe S. 89).
Diese Nematoden sind mikroskopisch kleine Fadenwürmer, die sich von den Raupen des Dickmaulrüßlers ernähren.
Die Fadenwürmer werden auf Schaumstoff geliefert. Die Versandeinheit beträgt 3 Mio. Nematoden, ausreichend für 6 qm^2 Erdboden bzw. 10 qm^2 mit Töpfen bedeckter Pflanzenfläche.
Erwachsene Käfer sammelt man einfach ab.

II.7. Raupen verschiedener Schmetterlingsarten

Während die Schmetterlinge selbst harmlose Blütenbesucher sind, die sich von Nektar und Wasser ernähren, können ihre Raupen, die sehr gefräßig sind, erhebliche Schäden an den Pflanzen verursachen. Sie werden zu den beißenden Insekten gezählt.
Diese Raupen können unterschiedlich groß und entweder grünlich oder gräulich gefärbt sein. Es sind vor allem Eulenraupen. An den Blättern der befallenen Pflanzen kann man unregelmäßige Fraßstellen beobachten. Die Raupen selber halten sich zumeist tagsüber versteckt in Bodennähe auf.
Zur Bekämpfung reicht es völlig aus, wenn man die Tiere absammelt.
Als biologische Bekämpfungsmaßnahme kann auch *Bacillus thuringiensis* (Neudorff's Raupenspritzmittel) eingesetzt werden. (Siehe S. 91).

Larven des Dickmaulrüßlers

II.8. Zweiflügler

Von den Zweiflüglern treten an Zimmerpflanzen nur Minierfliegen und Trauermücken auf.

II.8.1. Minierfliegen (*Phytomyza atricornis* u. a.)

Die fußlosen Maden der Minierfliege legen an den Blättern Fraßgänge an (»minieren«), die als sogenannte Gangminen bezeichnet werden. Die befallenen Blätter sind von zahlreichen weißlich-grauen Gangminen durchzogen.

Die Minierfliegen, auch Blattminierfliegen genannt, sind etwa 2–3 mm groß. Sie legen ihre Eier einzeln in die Oberhaut der Blätter. Dabei bevorzugen sie besonders junge Blätter. Aus den Eiern schlüpfen die Fliegenmaden, die ebenfalls 2–3 mm lang werden.

Je nach Minierfliegenart verpuppen sie sich entweder im Ende einer Gangmine oder aber die Raupen fallen aus dem Blatt heraus in die Erde.

Die befallenen Blätter sterben im Laufe der Zeit ab. Eine wirksame Bekämpfung mit chemischen Pflanzenschutzmitteln ist äußerst schwierig. Am besten ist es, die befallenen Blätter bereits im Anfangsstadium zu entfernen.

Durch Anbringen von Gelbtafeln bzw. Gelbstickern können die Fliegen ebenfalls vernichtet werden.

Minierfliege (oben) und Made (unten)

Die Minierfliegen, die sich ja außerhalb des Blattes an der Pflanze aufhalten, können außerdem mit einem batteriebetriebenen Staubsauger relativ leicht und einfach abgesaugt werden. Dieses Verfahren bringt jedoch nur dann Erfolg, wenn die Fliegen regelmäßig, d. h. immer dann, wenn aus den Puppen neue Fliegen geschlüpft sind, abgesaugt werden.

II.8.2. Trauermücken (*Sciara* sp.)

Die Trauer- oder Pilzmücken sind etwa 2–3 mm lang und schwarz gefärbt (Trauermücken). Sie legen ihre Eier in die Erde. Aus den Eiern schlüpfen die Larven, die bis zu 6–7 mm lang werden können. Sie sind dünn, glasig weiß und besitzen einen schwarzen Kopf. Die Larven besitzen keine Beine.
Die Trauermückenlarven können sich in junge Sämlinge von unten her in den Stengel einbohren und so die Pflanzen vernichten. Sie ernähren sich aber auch von den kleinen Faserwurzeln der Pflanzen.
Wenn die Pflanzen eine gewisse Größe erreicht haben, ist der Schaden, den die Trauermückenlarven verursachen können, relativ gering. Die Pflanze ist dann nämlich in der Lage, die wenigen abgefressenen Wurzeln sehr schnell und leicht wieder zu ergänzen.
Trauermücken lieben humose und feuchte Erde. Sie sind gegen Trockenheit sehr empfindlich. Die Entwicklungsdauer vom Ei bis zu der Trauermücke beträgt etwa einen Monat.
Trauermücken können auch sehr effektiv auf biologische Art bekämpft werden.

Man setzt zur Bekämpfung Fadenwürmer *(Steinernema)* ein.
Diese Fadenwürmer leben wie die gegen den Dickmaulrüßler eingesetzte Nematoden-Art ausschließlich parasitisch von Larven der Trauermücken.
Die Nematoden werden auf Schaumstoff geliefert. Die Versandeinheit beträgt 3 Mio. Fadenwürmer, ausreichend für 6 m^2 Erdboden bzw. 10 m^2 mit Töpfen bedeckten Pflanzenfläche.
Hält man die Pflanzen etwas trockener, verschwinden die Trauermücken oftmals auch von selbst.
An biotechnischen Maßnahmen kann man auch die Gelbsticker verwenden.

Trauermücken ernähren sich von Pflanzenteilen

III. Pilzliche Schadenerreger

Pilze zählen ebenso wie die höheren Pflanzen zum Pflanzenreich. Sie besitzen aber zum Unterschied zu diesen kein Blattgrün (Chlorophyll) und auch keine Leitgefäße zum Transport von Wasser und Nährstoffen. Chlorophyll ist jedoch eine der wesentlichen Voraussetzungen für die Assimilation, ohne die kein Pflanzenwachstum möglich ist.

Pilze können nur leben, wenn sie mit einer Pflanze leben, die Blattgrün besitzt und assimilieren kann. Diese Lebensart, in der einer auf Kosten des anderen lebt, nennt man nicht nur in der Pflanzenwelt »Schmarotzertum«.

Pilze, die von den Pflanzen leben, sind als Erreger von Pflanzenkrankheiten anzusehen. Sie benötigen feuchte Witterungsverhältnisse sowie die damit verbundene hohe Luftfeuchtigkeit. Dies ist auch der Grund, daß Pilzkrankheiten bei Zimmerpflanzen relativ selten vorkommen, weil die Luftfeuchtigkeit in den zentralgeheizten Räumen im allgemeinen viel zu trocken ist.

Pilze vermehren sich durch Sporen, die denselben Zweck erfüllen wie der Pflanzensamen der höheren Pflanzen. Die Übertragung eines Pilzes von einer Pflanze auf die andere geschieht über Sporen. Auch diese Sporenübertragungsmöglichkeiten sind in einem abgeschlossenen Raum sehr viel weniger möglich als im freien Gelände.

Entwicklung einer Pilzkrankheit

Die Pilzsporen treffen auf ein Blatt und keimen dort aus, wenn ausreichende Feuchtigkeit vorhanden ist. Zunächst wird ein Keimschlauch gebildet, der in das Gewebe der Pflanze eindringt.

Ist der Keimschlauch in die Pflanze eingedrungen, bildet der Pilz im Laufe der Zeit ein regelrechtes Pilzmyzel, das sich nun wieder von der Wirtspflanze ernährt und diese damit schädigt.

Aus dem Pilzmyzel entstehen nun Sporenträger, die dann wieder neue Sporen bilden, so daß der Infektionskreislauf von neuem beginnen kann. Die eigentliche Ausbreitung des Pilzes findet in der Pflanze selbst statt. Es hat daher wenig Sinn, von den befallenen Blättern lediglich den Pilzbelag abzuwischen. Ist nämlich der Pilz erst einmal in die Pflanze eingedrungen, können bestenfalls noch Pflanzenschutzmittel helfen, die ebenfalls in die Pflanze eindringen und von innen her wirksam werden.

Tatsache ist, daß gut ernährte Pflanzen, die sich optimal entwickeln können, sehr viel widerstandsfähiger gegen Pilzkrankheiten sind, als Pflanzen, die infolge von Pflegefehlern ein mehr oder weniger kümmerliches Dasein führen müssen. Die richtige Pflanzenpflege ist daher bei der Bekämpfung von Pilzkrankheiten an erster Stelle zu nennen.

Das große Problem bei der Bekämpfung von Pilzkrankheiten ist, daß man

Abgestorbene Wurzeln (Wurzelfäule), gefördert durch zu hohe Wassergaben

praktisch eine Pflanze (Pilz) in einer anderen Pflanze bekämpfen muß. Erfolgreich ist dies nur selten möglich. Im Gegensatz zu Virus- und Bakterienkrankheiten, die nicht selbst aktiv in eine gesunde Pflanze eindringen können, können dies jedoch viele Pilzarten. Es sind hier also nicht Verletzungen an den Pflanzen oder aber Überträger (z. B. Insekten) für eine Infektion nötig. Bei Zimmerpflanzen spielen nur wenige Pilzkrankheiten eine bedeutende Rolle. Es sind dies:

- *Pythium*-Wurzelfäule
- Echter Mehltau
- Grauschimmelfäule
- Rostpilze
- Fußkrankheiten (z. B. *Rhizoctonia*, *Botrytis*)
- verschiedene Blattfleckenpilze

III.1 *Pythium*-Wurzelfäule

Die Pythium-Wurzelfäule wird besonders stark gefördert, wenn die Pflanzen über einen längeren Zeitraum zu feucht gehalten werden. Die befallenen Wurzeln sind naßfaul, und sie hängen schlaff herab. Man kann die Oberhaut abziehen, so daß lediglich noch der Zentralzylinder der Wurzel erhalten bleibt. Eine wirksame Bekämpfung dieser Pilzkrankheit im Boden ist mit chemischen Pflanzenschutzmitteln leider nicht möglich. Aus diesem Grunde ist es erforderlich, die befallenen Pflanzen umzutopfen, die kranzen Wurzeln zu entfernen und die Pflanzen dann etwas trockener zu halten.

III.2. Echter Mehltau (*Sphaerotheca* sp. u. a.)

Die Anzahl der Sporen (Vermehrungsorgane) und deren Keimkraft entwickelt sich bei intensiver Sonneneinstrahlung sehr viel besser als bei regnerischem und trübem Wetter. Bei intensiver Sonneneinstrahlung und niedriger Luftfeuchtigkeit herrschen günstige Bedingungen, wenn beim Gießen die Blätter naß gemacht werden. Diese Feuchtigkeit auf den Blättern ist für die Sporenkeimung erforderlich.

Befallene Blätter und Blüten sind mit einem weißlich-mehlartigen Belag überzogen.

Der Pilz wächst auf der Oberfläche der befallenen Pflanzenteile, dringt also nicht in die Pflanze selbst ein. Er ist an der Pflanze durch sogenannte Haftorgane befestigt.

Bei Zimmerpflanzen kommt der Echte Mehltau relativ selten vor. Er kann jedoch an Begonien, Yucca, Russischem Wein und Hortensien beobachtet werden.

Zur Mehltaubekämpfung sind von der Biologischen Bundesanstalt folgende Präparate geprüft und zugelassen:

Der Echte Mehltau gehört zu den bekanntesten Pilzkrankheiten an Pflanzen

Wirkstoff (Firma)	Präparat	Aufwandmenge Konzentration	Gefahrensymbol	Bienenschutz
Bitertanol (Bayer)	Baymat Zierpflanzenspray	(Spraydose)	–	B 4
Dodemorph (Compo)	Compo Mehltau-Spray Neu	(Spraydose)	–	B 1
Lecithin (Neudorff)	Bio-Blatt Mehltaumittel	0,15 %	–	B 4
	Bio-Blatt Mehltauspray	(Spraydose)	–	B 4
Triforin (Celaflor)	Pilzfrei Saprol Dosier-Kapseln	0,1 %	Xi	B 4

III.3. Grauschimmelfäule *(Botrytis)*

Die Grauschimmelfäule tritt immer dort auf, wo die Pflanzen zu dicht stehen und zu feucht gehalten werden.
Wenig Licht, hohe Luftfeuchtigkeit, geringe Luftbewegung und eine allgemeine Schwächung der Pflanzen durch ungünstige Wachstumsbedingungen, wie z. B. zu dichter Stand, Licht- oder Wärmemangel sind ideale Voraussetzungen für einen Grauschimmelbefall.
Die Blätter, Stengel und Blüten der befallenen Pflanzen sind mit einem mausgrauen, dichten und stäubendem Belag versehen. Eine Behandlung mit Pilzbekämpfungsmitteln ist nicht erforderlich, wenn die Pflanzen an einen optimalen, nicht zu feuchten Standort gestellt werden.

III.4. Rostpilze (*Phragmidium* sp. u. a.)

Hohe Luftfeuchtigkeit ist eine günstige Voraussetzung für Rostbefall. Die Blätter der befallenen Pflanzen zeigen an der Blattunterseite Rostpusteln, die entweder rostbraun oder cremefarbig sein können. Eine wirksame Bekämpfungsmaßnahme besteht darin, die befallenen Blätter von den Pflanzen zu entfernen und zu vernichten. Rostpilze treten an Zimmerpflanzen aber nur relativ selten auf.

III.5. Fußkrankheiten (z. B. *Rhizoctonia* oder *Botrytis*)

Äußerst selten, aber gelegentlich eben doch, können Zimmerpflanzen unter sogenannten Fußkrankheiten leiden.

Grauschimmelfäule

Rhizoctonia-Stengelgrundfäule

Der Name Fußkrankheiten kommt daher, daß die pilzlichen Schaderreger in der sogenannten Boden-/Luftzone angreifen.
Nahezu alle Blätter und Triebe der befallenen Pflanzen hängen schlaff herunter. Untersucht man den Stammgrund, kann man feststellen, daß dieser sich braun verfärbt hat.
Ein typisches Anzeichen für eine sogenannte Stengelgrundfäule oder auch Fußkrankheit.
Wirksame Bekämpfungsmöglichkeiten bei Zimmerpflanzen sind nicht gegeben. Es ist daher notwendig, die befallenen Pflanzen zu entfernen und zu vernichten.

III.6. Verschiedene Blattfleckenpilze

Gelegentlich kann man beobachten, und zwar besonders bei Grünpflanzen, daß die Blätter unterschiedlich große und unregelmäßig ausgeformte mehr oder weniger dunkle Blattflecken zeigen.
Dieses Schadbild wird hervorgerufen durch verschiedene Blattfleckenpilze, die sich allesamt dort gut entwickeln können, wo die Pflanzen zu feucht gehalten werden.
Wirksame Bekämpfungsmöglichkeiten gibt es nicht. Oft ist es völlig ausreichend, die Standortverhältnisse entsprechend zu verbessern und die befallenen Blätter abzupflücken.

IV. Bakterienkrankheiten

Verglichen mit den Schäden, die durch pilzliche Schaderreger oder durch tierische Schädlinge an Pflanzen entstehen können, sind die Schäden, die durch Bakterien verursacht werden, relativ gering.

Bei der Übertragung von Bakterienkrankheiten von Pflanze zu Pflanze spielen Menschen und Tiere eine besondere Rolle.

Eine Infektion wird durch Wärme und hohe Luftfeuchtigkeit äußerst stark begünstigt. In den Räumen, in denen unsere Zimmerpflanzen stehen, ist die relative Luftfeuchtigkeit jedoch so gut wie nie ausreichend vorhanden, so daß dieser Infektionsweg ausgeschlossen werden kann. So bleibt nur noch eine direkte Übertragungsmöglichkeit durch Menschen oder Tiere.

Selbstverständlich kann eine Bakterienkrankheit von einer Pflanze auf die andere übertragen werden, wenn man eine kranke Pflanze zurückschneidet und dann mit demselben Werkzeug an einer gesunden Pflanze arbeitet. Dieser Fall ist jedoch ziemlich theoretisch, weil bakterienkranke Pflanzen im Normalfall nicht weiter gepflegt werden.

Als weitere Überträger kommen solche Tiere in Frage, die zuerst an einer kranken Pflanze gefressen oder gesaugt haben und dann von der kranken Pflanze auf eine gesunde Pflanze überwandern.

Diese Fälle kommen so gut wie nie vor, und zwar ebenfalls deshalb, weil bakterienkranke Pflanzen kaum weitergepflegt werden.

Die äußerlich sichtbaren Symptome von Bakterienkrankheiten kann man wie folgt beschreiben: Krebsartige Wucherungen am Stamm, Stengel oder an den Wurzeln sowie Naß- oder Weichfäule an den Blättern oder Stengeln. Sind die Bakterien in die Wasserleitungsbahnen der Pflanzen eingedrungen, führt dies zu Welkerscheinungen, wie dies z. B. bei Pelargonien hin und wieder beobachtet werden kann.

Bei Zimmerpflanzen kommen Bakterienkrankheiten jedoch äußerst selten vor. Bei einigen Pflanzen kann man beobachten, daß der Stammgrund

weichfaul und matschig wird. Diese Pflanzen wachsen nicht mehr zügig und sterben schließlich ab. Verursacht wird dieser Schaden durch eine Bakterienfäule. Besonders gefährdet sind Dieffenbachien.

Gelegentlich kann man am Stammgrund blumenkohlartige Auswüchse erkennen. Dieses Schadbild wird ebenfalls von einer Bakterienkrankheit verursacht.

Alle Bakterienkrankheiten können nicht erfolgreich bekämpft werden. Aus diesem Grunde ist es erforderlich, die befallenen Pflanzen unbedingt zu vernichten.

Stengelgrundfäule, hervorgerufen durch Bakterien. Links eine gesunde Pflanze

V. Viruskrankheiten

Viruskrankheiten, auch Virosen genannt, werden durch sogenannte »Viren« verursacht. Viren sind stab- oder kugelförmige Krankheitserreger. Sie sind nur durch das Elektronenmikroskop sichtbar. Die pflanzenschädlichen Viren dringen stets über Wunden in das Pflanzengewebe ein. Als Virusüberträger kommen in erster Linie Blattläuse oder auch andere Tiere, die an den Pflanzen saugen, wie z. B. Thripse, Milben oder Zikaden in Betracht.

Die Übertragung kann jedoch auch mechanisch durch den Menschen erfolgen, wie dies bereits bei den Bakterienkrankheiten beschrieben worden ist. Bei den Zimmerpflanzen sind Viruskrankheiten so gut wie bedeutungslos. Es gibt sogar Virosen, die erwünscht sind: Bei vielen Grünpflanzen werden die weißbunten bzw. gelbbunten Blattzeichnungen durch Virosen verursacht.

Man kann im Grunde davon ausgehen, daß virus- und bakterienkranke Pflanzen bereits bei der Anzucht in der Gärtnerei so weit aus den Beständen entfernt und vernichtet werden, so daß nur einwandfreies Material in den Handel kommt. Diese gesunden Pflanzen können unter den Bedingungen, wie sie in unseren Wohnungen vorherrschen, in den allermeisten Fällen nicht neu von Bakterien oder Viren infiziert werden.

Biologische Schädlingsbekämpfung

Bei der Bekämpfung von Krankheiten und Schädlingen wird vielfach der Wunsch laut, anstelle von chemischen Pflanzenschutzmaßnahmen biologische Maßnahmen anzuwenden.
Leider ist es so, daß fast jeder unter dem Begriff »biologische Schädlingsbekämpfung« etwas anderes versteht. Einige meinen, daß der Einsatz von Schmierseife eine biologische Maßnahme sei. Andere wieder sind der Meinung, daß die Anwendung von Pyrethrum-haltigen Präparaten biologisch sei. Dies alles ist weit gefehlt.
Das Wort »Bio« stammt aus dem griechischen und heißt auf deutsch soviel wie »Leben«. Unter biologischer Schädlingsbekämpfung ist nur der Einsatz von Nützlingen zur Vernichtung von Schädlingen zu verstehen.

Ein wichtiger Nützling: der Australische Marienkäfer (rechts) und seine Larve (unten)

Man unterscheidet bei den Nützlingen 3 Gruppen: Räuber, Schmarotzer sowie Krankheitserreger.
Viele dieser Nützlinge können heute schon im Fachhandel (Gartenbaubetriebe mit Endverkauf oder aber auch im Garten-Center) bezogen werden.
Von den Räubern sind dies: Florfliegen, Räuberische Gallmücke, Raubmilben und der Australische Marienkäfer.

Räuber

Australische Marienkäfer *(Cryptolaemus montrouzieri)*

Der Australische Marienkäfer vertilgt alle Arten oberirdisch auftretender Woll- und Schmierläuse.
Die Larven dieses Käfers sind, wie die Woll- und Schmierläuse auch, mit einem wachsartigen Überzug bedeckt und daher von ihren Beutetieren nur schwer zu unterscheiden. Der Australische Marienkäfer hat einen hohen Nahrungsbedarf und vermehrt sich schnell, so daß auch bei einem stärkeren Befall noch ein wirkungsvoller Einsatz möglich ist.
Versandform: 25 Käfer reichen für 10 m^2 Pflanzenfläche.

Florfliegen *(Crysopa carnea)*

Typisch für die Florfliege sind die langovalen, netzartigen Flügel, die viel länger sind als ihr Körper.

Eier der Florfliege (oben). Eine Florfliegenlarve schlüpft aus dem Ei (unten links). Florfliegenlarve beim Verzehr einer Blattlaus (unten rechts) und eine erwachsene Florfliege (rechts)

Die Gemeine Florfliege ist auch bekannt unter dem Namen »Goldauge« oder »Blattlauslöwe«. Die Bezeichnung »Blattlauslöwe« bezieht sich auf die Larven, denn diese leben »räuberisch«, d. h., sie verzehren kleine Insekten und deren Eier, vor allem aber Blattläuse. Auf der Suche nach Beute bewegen sich die Larven lebhaft. Ist eine Blattlaus entdeckt worden, scheiden die Florfliegen-Larven mit ihren beiden Zangen am Kopfende zunächst einen Stoff aus, der die Blattlaus lähmt. Die ruhig gewordene Laus kann nun in aller Ruhe ausgesaugt werden. Ein sicheres Anzeichen für das Vorhandensein von Florfliegen sind auch die gestielten Eier an den Blättern. Diese Stiele entstehen dadurch, daß das Weibchen vor der Eiablage mit einer Drüse an der Hinterleibspitze eine klebrige Ausscheidung abgibt, die als elastischer Faden auf dem Blatt stehenbleibt. Am Ende dieses Fadens wird dann das Ei angeklebt.
Versandform: Eier, 100 Stück reichen für ca. 10 m² Pflanzenfläche.

So werden Räuberische Gallmücken versandt

Eine erwachsene Räuberische Gallmücke

Räuberische Gallmücken *(Aphidoletes aphidimyza)*

Die Räuberischen Gallmücken sind unscheinbare, zierliche Insekten, die ihre Eier gezielt in Blattlausnähe ablegen. Die kleinen Larven, die aus den Eiern schlüpfen, fressen ausschließlich Blattläuse. Da jedes erwachsene Gallmückenweibchen etwa 100 Eier ablegen und jede Larve bis zu 50 Blattläuse abzutöten vermag, ist schon mit der Freilassung weniger Tiere eine effektive Bekämpfung möglich. Versandform: Puppen, 80 Gallmücken-Puppen reichen für ca. 10 m^2 Pflanzenfläche.

Raubmilben *(Phytoseiulus persimilis, Amblyseius* sp.*)*

Die Raubmilben ernähren sich von den Spinnmilben. Diese Räuber sind klein, rötlich gefärbt und bei ihrer Beutesuche sehr beweglich. Sie finden des-

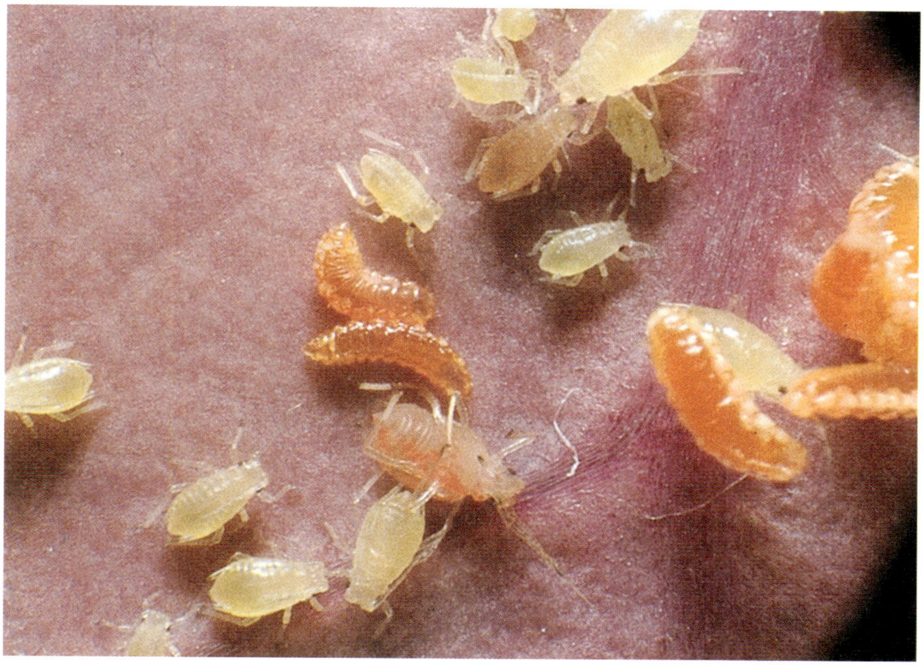

Larven der Räuberischen Gallmücke auf der Suche nach Blattläusen

halb auch versteckt sitzende Schädlinge sowie deren Eier. Etwa 5 ausgewachsene Spinnmilben oder 20 Eier bzw. Jungtiere werden von einer einzigen Raubmilbe täglich ausgesaugt und abgetötet. Je früher man die Raubmilben einsetzt, um so sicherer ist der Erfolg.

Beim Raubmilbeneinsatz ist darauf zu achten, daß die Luftfeuchtigkeit etwas erhöht wird. Raubmilben werden in allen Entwicklungsstadien geliefert.

Versandform: 100 Raubmilben reichen für ca. 10 m^2 Pflanzenfläche.

Eine ganz andere Raubmilbenart *(Amblyseius spp.)* ernährt sich von den Blasenfüßen. Amblyseius unterscheidet sich von den oben beschriebenen Raubmilben zur Spinnmilbenbekämpfung durch eine etwas hellere, blaßrosa Farbe. Auch ihre Beine sind etwas kürzer.

2–3 Thripslarven pro Tag verzehrt eine erwachsene Raubmilbe. Die Raubmilben werden auf Kleie in Streuflaschen oder aber in Papierbeuteln geliefert.

Den besten Bekämpfungserfolg erzielt man dann, wenn man die Tiere bereits bei einem geringen Schädlingsbefall aussetzt.

Versandform: ca. 10 000 Tiere reichen für 10 m^2 Pflanzenfläche.

Raubmilben (orange gefärbt) auf der Suche nach Spinnmilben

So werden Schlupfwespen zur Bekämpfung der Weißen Fliege versandt

Die parasitierten Larven der Weißen Fliege verfärben sich schwarz: Aus ihnen schlüpfen weitere Nützlinge

Schmarotzer

Schlupfwespen
(Encarsia formosa)

Diese Schlupfwespen-Art parasitiert die Larven der Weißen Fliege, d. h., aus den direkt in die Larven abgelegten Eier schlüpfen Wespenlarven, die im Innern ihrer Wirte alle Organe aufzehren und die Schädlinge dadurch zum Absterben bringen. Aus der parasitierten Larve der Weißen Fliege schlüpft dann keine Weiße Fliege mehr, sondern eine Schlupfwespe. Die erwachsenen, ohne Lupe kaum feststellbaren Schlupfwespen leben ungefähr 2 Wochen. In dieser Zeit kann ein Weibchen bis zu 50 Larven der Weißen Fliege parasitieren.
Versandform: parasitierte Larven der Weißen Fliege. 100 Schlupfwespen reichen für 10 m^2 Pflanzenfläche.

Eine erwachsene Schlupfwespe

Parasitäre Nematoden
Heterorhabditis sp.

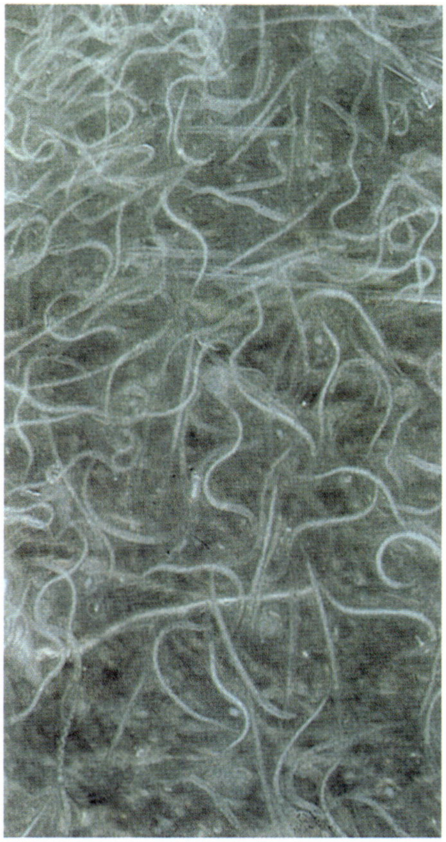

Es handelt sich hier um mikroskopisch kleine Fadenwürmer, die speziell von den Raupen des Dickmaulrüßlers leben. Sie suchen im Boden die Raupen auf und dringen durch deren Haut- oder Körperöffnungen in sie ein. Sind sie eingedrungen, geben sie ein für Warmblüter harmloses Bakterium in das Insektenblut ab, das sich stark vermehrt und in wenigen Tagen den Tod der Dickmaulrüßler-Larven herbeiführt. Voraussetzung für einen erfolgreichen Einsatz ist eine gleichmäßige Bodenfeuchtigkeit und eine Bodentemperatur von mindestens +10 °C. Einmal

Fadenwürmer infizieren die Larven des Dickmaulrüsslers mit Bakterien und töten sie ab

ausgesetzt, können sie im Boden mehrere Jahre bleiben.
Versandform: 3 Mio. Nematoden reichen für 10 m^2 Pflanzenfläche.

Steinernema bibionis

Diese Fadenwürmer sind geeignet zur Bekämpfung von Trauermücken-Larven. Sie leben ebenfalls ausschließlich parasitisch von bestimmten Insektenlarven. Steinernema bevorzugt dabei jedoch die Larven der Trauermücken. Die Fadenwürmer dringen in den Insektenkörper ein und töten die Larve durch ein für Warmblüter unschädliches Bakterium ab. Voraussetzung für einen erfolgreichen Einsatz ist eine gleichmäßige Bodenfeuchtigkeit und eine Bodentemperatur von mindestens +10 °C.

Versandeinheit: 3 Mio. Fadenwürmer reichen für 10 m^2 Pflanzenfläche.
Alle die genannten Nützlinge werden auf Bestellung geliefert.
Da es sich bei den Nützlingen um »lebende Ware« handelt und somit eine Vorratshaltung unmöglich ist, werden die Nützlinge über Bestellgutscheine im Fachhandel angeboten.
Die weitere Abwicklung erfolgt folgendermaßen: Man erwirbt einen Bestellgutschein beim Fachhändler, sendet die Anforderungskarte ein. Sie ist Bestandteil des Bestellgutscheines. Die angeforderten Nützlinge werden per Post geliefert (kein Postversand bei Frost).
Jeder Sendung liegt eine ausführliche Beschreibung der Biologie und der Einsatzmöglichkeiten des entsprechenden Nützlings bei.

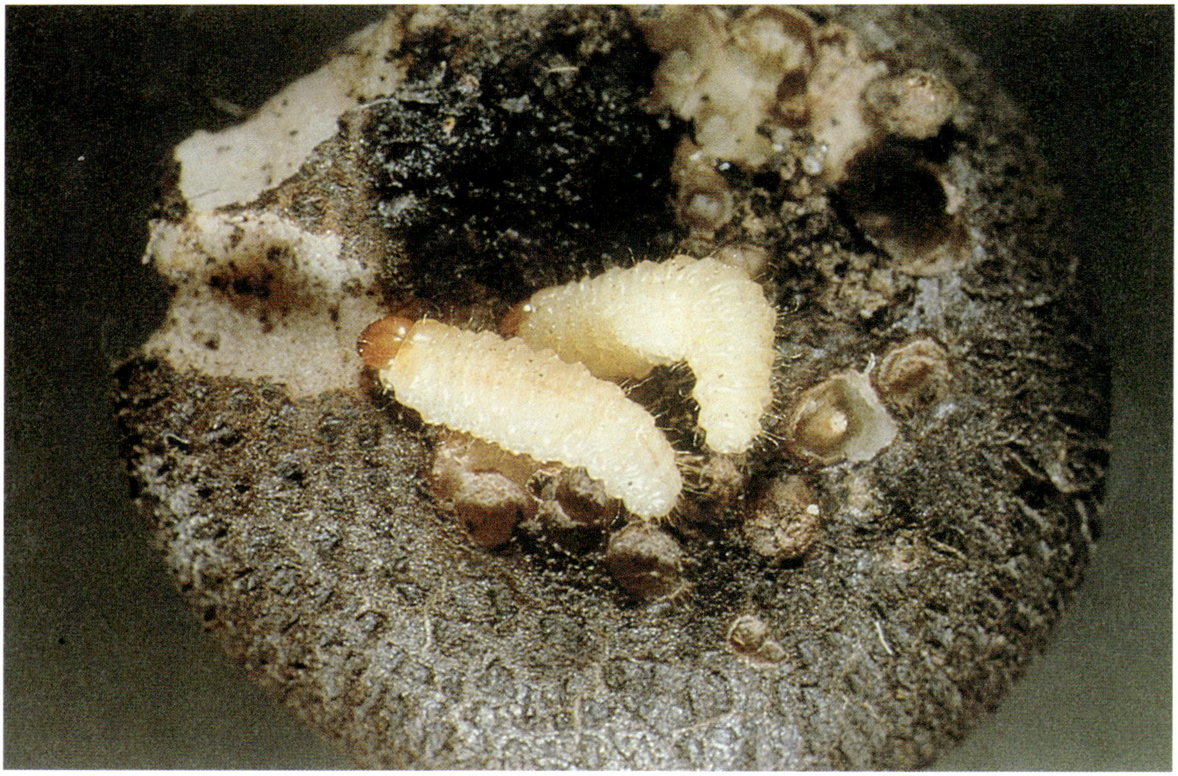

Selbstverständlich können die Nützlinge auch bei den Nützlingszüchtern direkt bestellt werden.
In der nachfolgenden Tabelle sind alle Nützlingszüchter aufgeführt:

BioNova,
Josefstr. 102–104, 4040 Neuss

Celaflor GmbH & Co.KG,
6507 Ingelheim
Tel. 061 32/78 90

Dipl.-Ing. Sautter & Stepper GmbH,
Rosenstr. 19, 7403 Ammerbuch 5
(Altingen)

Institut für Gemüsebau der Versuchsanstalt für Gartenbau, Fachhochschule Weihenstephan, Lange Point, 8050 Freising 12

Koppert B. V., Veilingweg 64,
NL-2561 BE Berkel en Rodenrijs

W. Neudorff GmbH KG, Abt. Nutzorganismen, Postfach 1209,
3254 Emmerthal

Hatto Welte, Gartenbau, Maurershorn 10, 7752 Insel Reichenau

Was kommt danach?

Viele Pflanzenfreunde machen sich natürlich darüber Gedanken, was mit den freigelassenen Nützlingen in ihren Wohnungen geschieht, wenn die Schädlinge alle aufgefressen worden sind.
Generell kann man sagen, daß für die Haushaltshygiene keinerlei Probleme entstehen.
Wenn keine Blattläuse mehr vorhanden sind, werden die Florfliegen ausfliegen. Dasselbe trifft auch für die Räuberischen Gallmücken zu. Wenn keine Blattläuse mehr zu finden sind, werden die Larven verhungern. Am genialsten gelöst ist es bei den Raubmilben. Die Raubmilben leben nämlich auch kannibalisch, d. h., wenn keine Spinnmilben mehr zum Fressen da sind, fressen sie sich gegenseitig auf. Der Australische Marienkäfer verhungert, sobald keine Woll- bzw. Schmierläuse mehr anzutreffen sind.

Schädlingsbekämpfung durch Krankheitserreger

Biologischer Pflanzenschutz kann auch durch gezielte Verfahren, wie z. B. durch Züchtung von Krankheitserregern erfolgen.
Zur Zeit sind Produkte auf der Basis von *Bacillus thuringiensis,* ein Raupenbekämpfungsmittel, auf dem Markt. Es handelt sich hierbei um Bakterien, die in ihren Wirten (den Schädlingen) tödliche Infektionskrankheiten hervorrufen.
Die Bakterien zerstören die Darmzellen der Raupen. Je nach Empfindlichkeit stellen diese ihre Fraßtätigkeit meist schon innerhalb von 24 Std. nach der Behandlung ein und sterben nach wenigen Tagen ab.
Dort, wo die Raupen nicht abgesammelt werden können, wäre ein derartig biologisches Präparat auf der Basis von *Bacillus thuringiensis* einsetzbar.

Gesetzliche Vorschriften

Pflanzenschutzmittel müssen geprüft und zugelassen sein

Pflanzenschutzmittel dürfen nur in den Verkehr gebracht werden, wenn sie von der Biologischen Bundesanstalt (im Einvernehmen mit Bundesgesundheitsamt und Bundesumweltamt) zugelassen sind.

Die Biologische Bundesanstalt erteilt dem Antragsteller die Zulassung, wenn die Prüfung des Pflanzenschutzmittels ergibt, daß

1. das Pflanzenschutzmittel nach dem Stande der wissenschaftlichen Erkenntnisse und der Technik hinreichend wirksam ist,
2. die Erfordernisse des Schutzes der Gesundheit von Mensch und Tier beim Verkehr mit gefährlichen Stoffen nicht entgegenstehen und
3. das Pflanzenschutzmittel bei bestimmungsgemäßer und sachgerechter Anwendung oder als Folge einer solchen Anwendung
   a) keine schädlichen Auswirkungen auf die Gesundheit von Mensch und Tier und auf das Grundwasser hat und
   b) keine sonstigen Auswirkungen, insbesondere auf den Naturhaushalt hat, die nach dem Stand der wissenschaftlichen Erkenntnisse nicht vertretbar sind. (Siehe Pflanzenschutzgesetz vom 15. September 1986.)

Nur Mittel mit diesem Symbol sind erlaubt

Normalerweise werden Pflanzenschutzmittel für eine Zeit von 10 Jahren zugelassen. Sind diese 10 Jahre vorüber, ist die Zulassung beendet und das betreffende Pflanzenschutzmittel darf im Handel nicht mehr vertrieben werden.

Restbestände, die beim Verbraucher vorhanden sind, können jedoch nach wie vor aufgebraucht werden.

Ob ein Präparat nach dem Ablauf der Zulassung wieder eine Zulassung bekommt, hängt einmal davon ab, ob der Hersteller eine Wiederzulassung beantragt und ob die zuständigen Behörden dieser Wiederzulassung zustimmen.

Bei der Auswahl von chemischen Pflanzenschutzmitteln müssen die Grundlagen des integrierten Pflanzenschutzes unter allen Umständen berücksichtigt werden.

Das heißt dort, wo biologische, biotechnische, pflanzenzüchterische, anbautechnische und kulturtechnische Maßnahmen möglich sind, müssen diese voll und vorrangig ausgeschöpft werden.

Vor- und Nachteile chemischer Bekämpfungsmaßnahmen

Vorteile

1. Weitgehende Sicherung von gleichmäßigen Ernten.
2. Hohe Ausnutzung aller pflanzenbaulichen Intensivierungsmaßnahmen.
3. Qualitätsverbesserung des Erntegutes.

Nachteile

1. Übervermehrung von Arten, die gegen bestimmte Wirkstoffe resistent sind und deren empfindlichere Nahrungskonkurrenz ausgeschaltet wurde = Zerstörung des biologischen Gleichgewichtes.
2. Auslese von resistenten Formen nach mehrmaliger Anwendung des gleichen Wirkstoffes.
3. Eventuelle Gesundheitsgefährdung durch Pflanzenschutzmittel.

Wirkungsweise der Bekämpfungsmittel (Fungizide und Insektizide)

Man unterteilt, je nach ihrer Wirkungsweise, die Präparate in 3 Gruppen:

1. Vorbeugend wirkende Fungizide, die nur vorbeugend eingesetzt werden können.
2. Teilsystemische Fungizide.
3. Systemische Fungizide. Diese sind von der Pflanze aufnehmbar, transportierbar und speicherbar.

Insektizide

Neben Pflanzenschutzmitteln, die zur Pilzbekämpfung geeignet sind, gibt es auch solche, mit denen man die tierischen Schädlinge bekämpfen kann.
Man unterscheidet Akarizide (sie wirken gegen Spinnmilben) und Insektizide (sie wirken gegen Insekten).
Früher wurden die Präparate nach ihrer Wirkungsweise eingeteilt in Kontakt-, Fraß- und Atemgifte.
Eine Trennung dieser Wirkungskomponenten ist heute meistens unmöglich, die Einteilung ist daher nicht mehr nützlich.
Man teilt die Präparate deshalb heute sinnvoller in 2 Gruppen ein:

Präparate mit lokaler Wirkung:
Der Schädling muß getroffen werden oder aber die Pflanze muß mit einem lückenlosen Belag versehen werden. In dieser Gruppe gibt es auch Präparate, die noch eine gewisse Tiefenwirkung besitzen. Das bedeutet, daß die Wirkstoffe in das Blatt der Pflanzen eindringen. So werden auch versteckt sitzende Schädlinge sicher bekämpft. Eine derartige Tiefenwirkung ist besonders wichtig bei minierenden Stadien von Insekten z. B.: Maden der Minierfliegen.

Die systemischen Präparate werden von der Pflanze aufgenommen, transportiert und begrenzt gespeichert. Die Pflanze wird also hier aktiv durch die Aufnahme, Leitung und Speicherung in den Bekämpfungsprozeß miteinbezogen und dient nicht wie bei den Insektiziden mit lokaler Wirkung lediglich als »passive Unterlage«.

Register